Research and Application on Water Supplies Forecasting Based on
Feature—Driven of the Time Series

时间序列特性驱动的
城市供水量预测方法及应用研究

Research and Application on Water Supplies Forecasting Based on
Feature-Driven of the Time Series

白云 王圃 李川 著

中国财经出版传媒集团

经济科学出版社
Economic Science Press

图书在版编目（CIP）数据

时间序列特性驱动的城市供水量预测方法及应用研究/
白云，王圃，李川著．—北京：经济科学出版社，2018.4
ISBN 978 - 7 - 5141 - 9300 - 8

Ⅰ.①时⋯　Ⅱ.①白⋯②王⋯③李⋯　Ⅲ.①城市供水 -
预测 - 研究　Ⅳ.①TU991

中国版本图书馆 CIP 数据核字（2018）第 093106 号

责任编辑：李　雪
责任校对：杨　海
责任印制：邱　天

时间序列特性驱动的城市供水量预测方法及应用研究
白云　王圃　李川　著
经济科学出版社出版、发行　新华书店经销
社址：北京市海淀区阜成路甲 28 号　邮编：100142
总编部电话：010 - 88191217　发行部电话：010 - 88191522
网址：www. esp. com. cn
电子邮件：esp@ esp. com. cn
天猫网店：经济科学出版社旗舰店
网址：http：//jjkxcbs. tmall. com
固安华明印业有限公司印装
710 × 1000　16 开　14. 25 印张　200000 字
2018 年 5 月第 1 版　2018 年 5 月第 1 次印刷
ISBN 978 - 7 - 5141 - 9300 - 8　定价：50. 00 元
（图书出现印装问题，本社负责调换。电话：010 - 88191510）
（版权所有　侵权必究　举报电话：010 - 88191586
电子邮箱：dbts@ esp. com. cn）

前　　言

　　随着城市化进程的推进和社会经济的快速发展，人民生活水平不断提高，城市自来水公司的供水系统的规模迅速扩大，从而导致了企业的供水系统调度复杂性逐年提高，这一现象给传统调度方式带来了前所未有的挑战。而供水量预测作为企业供水系统调度工作的基础和前提，一直是城市供水企业和运行管理部门最为棘手的问题之一。通过供水量预测，既可以为供水系统科学调度提供数据依据，又可以提高水资源利用效率，改善城市生态环境，促进社会和谐健康发展。

　　日供水量的预测可以保证用户在不同时间对水量和水压的要求，同时也能提高水厂的生产效率，减少生产成本，从而提高供水服务质量。月供水量的预测可以平衡水源与各水厂的供给量，提高区域调度能力，减少水资源的浪费。因此，笔者从日、月供水量预测两个方面出发，结合实例深入分析供水量时间序列特性，利用混沌、多尺度分析、信息融合、模型预测控制、智能预测等理论和方法，构造不同时间序列特性驱动的城市供水量预测模型。

　　全书共分 8 章：第 1 章，在对国内外研究现状和文献分析的基础上提出本书研究框架；第 2 章，按照建模的一般步骤概述了本书预测建模所涉及的关键理论和技术；第 3 章，基于混沌相空间重构理论定性和定量分析供水量时间序列的混沌特性，从而证明其可预测性；第 4 章，介绍并比较几种常用供水量时间序列预测模型，并利用 Matlab

数值分析软件实现其实例建模；第 5 章，鉴于日供水量时间序列的局部特性差异性，提出一种多尺度二乘支持向量回归的预测模型；第 6 章，鉴于日供水量时间序列的时变动态性，提出一种变结构最小二乘支持向量回归的动态预测模型；第 7 章，鉴于月供水量时间序列的趋势、周期和随机干扰耦合特性，提出一种特性加法模型；第 8 章，总结。

本书可供系统工程、管理科学与工程、市政工程、环境工程等领域的科研人员、规划设计人员、工程技术人员阅读，也可对进行时间序列分析、预测建模及应用研究的有关学者、高校师生提供参考。

由于笔者水平有限，文中有些观点的归纳和阐述难免有疏漏和不足的地方，还望各位读者海涵并提出宝贵意见。

白 云

2018 年 3 月

目录

第 1 章

绪　　论

1.1　研究背景及意义

城市供水系统是城市建设的重要组成部分之一，完善的供水系统对促进城市工农业生产、保障人民身体健康，以及保护环境免遭污染等都具有积极作用。近年来，随着城市化进程的推进和社会经济的快速发展，居民生活水平的提高，城市用水量大大增加。根据中国统计年鉴[1]（见表 1-1），全国人均用水量呈上升趋势（2014～2016 年人均用水量有所下降，但仍然比"十一五"时期高）。

表 1-1　　　　　　2000～2016 年全国人均用水量统计

序号	年份	人均用水量（立方米/人）	序号	年份	人均用水量（立方米/人）
1	2000	435.4	4	2003	421.9
2	2001	437.7	5	2004	428.0
3	2002	429.3	6	2005	432.1

续表

序号	年份	人均用水量（立方米/人）	序号	年份	人均用水量（立方米/人）
7	2006	442.0	13	2012	454.7
8	2007	441.5	14	2013	455.5
9	2008	446.2	15	2014	446.7
10	2009	448.0	16	2015	445.1
11	2010	450.2	17	2016	438.1
12	2011	454.4			

资料来源：中国统计年鉴 http://www.stats.gov.cn/tjsj/ndsj/。

为了满足日益增加的生产、生活用水需求，城市供水系统的范围及规模在逐年扩大。根据住房城乡建设部会同国家发改委编制的《全国城镇供水设施改造与建设"十二五"规划及2020年远景目标》[2]，"十一五"期间全国供水能力增加0.33亿立方米/日，管网长度增加22.21万公里，用水人口增加0.96亿人。截至2010年年底，全国城镇供水能力总计达到3.87亿立方米/日，用水人口6.30亿人，管网长度103.55万公里，年供水总量714亿立方米，与2000年相比，全国新增供水能力0.68亿立方米/日，增长26.67%，新增用水人口2.30亿人，增长85.50%。根据住房城乡建设部会同发改委编制的《全国城市市政基础设施规划建设"十三五"规划》[3]，"十二五"期间设市城市（县城）供水能力达到2.3101亿立方米/日（0.4675亿立方米/日），与2010年相比，增幅达15%（21%），公共供水普及率分别达到93.1%（85.1%）。东部、中部、西部地区市政基础设施水平差异逐渐缩小，市政基础设施公共服务城乡统筹、区域共建共享有序推进。

2016年是"十三五"规划的开局之年，是全面落实中央城市工作会议的第一年。根据2016年城乡建设统计公报[4]，截至2016年年

底，城市（县城）供水综合生产能力达到 3.03 亿立方米/日（0.54
亿立方米/日），比上年增长 2.2%（减少 6.0%），其中公共供水能力
2.39 亿立方米/日（0.46 亿立方米/日），比上年增长 3.4%（减少
3.3%）。供水管道长度 75.7 万公里（21.1 万公里），比上年增长
6.5%（减少 1.6%）。用水普及率 98.42%（90.5%），比上年增加
0.35 个百分点（0.54 个百分点）。

由于城市供水系统范围及规模的逐年扩大，供水复杂性逐年提
升，从而导致与此相关的城市供水系统的调度筛选方案及调度复杂性
提高。而当前多数中小城市供水调度决策依旧停留在传统经验的基础
上，即根据日常经验判断或根据流量表与压力表数据判断。前者盲目
依靠经验判断，后者缺乏预知性（滞后性），容易造成：①供水富余，
消耗大量电能；②供水过度造成管网压力偏高，增加水资源漏损或水
管爆裂风险的概率；③供水不足，造成供需失衡的不良后果。《全国
城市市政基础设施规划建设"十三五"规划》[3]中也明确指出了"十
三五"时期所面临和解决的主要问题之一，即现有供水企业缺乏专业
化、规范化、规模化的建设和运营管理，同时供水设施监管信息化水
平普遍偏低，智慧化管理仍有较大差距，导致供水设施运行效率、服
务质量较低。

所以，传统供水系统管理方式面临着巨大的挑战，对城市供水系
统的调度进行优化是必要的。而城市企业供水系统的优化调度主要包
括三个环节：用水量预测、运行工况模拟和供水系统调度决策。在这
三个环节中，用水量的预测工作是后两个环节的基础和前提，其准确
度直接影响供水系统工况模拟结果的合理性，以及调度决策模型的针
对性和可靠性，所以预测环节的研究显得尤为重要。由此可见，供水
量的预测既能为水资源的规划和管理提供数据基础，同时是供水企业
进行优化调度的重要组成部分，并有着十分重要的意义。

①供水系统的短期供水量预测可以保证各用水单元在不同时段对水量和水压的不同要求，保证了正常用水量的需求，提高了供水企业管理水平和供水服务质量。

②供水量预测是供水系统优化调度的第一环节，为供水系统的优化调度提供数据支持。自来水厂出水经泵站加压后送至各用水单元，这一过程需要电能消耗（供水企业主要经济支出）。通过供水量预测，可以指导泵站的优化调度工作、提高供水系统储备能力的利用率、降低生产能耗，从而可以实现供水系统在确保安全、稳定、优质的供水过程中节省能源开支。吕谋等[5]研究表明，利用时用水量的预测结果优化了的调度系统运行费用比常规经验调度方式节约了3%~5%的能源开支（以电费为评价指标）。翟光日[6]通过开展用水量预测、宏观水力模型建立、调度模型的建立和求解，得到24小时的调度压力，普遍比实际的调度压力低了1米左右，具有实际的节能意义。巴克尔等[7]、贾科梅勒等[8]均通过用水量预测优化供水泵组，成功削减了调度运行费用。而供水电耗的减少不仅提高了供水企业的经济效益，也缓解了国家能源紧张的局面。

③通过供水量预测，可以合理分配不同区域的输送水量，为各个供水厂配送水量提供依据，最大限度地降低了供水调度成本。

④由于生活用水对水质要求较高，不能过久储存，所以要求供水企业的生产、输送、分配、调度和用户用水同时进行。因此，通过供水量预测可以实现产水、输水、用水的供需平衡，降低水质安全风险。

⑤城市供水系统的中长期供水量预测可以为市政供水基础设施的规划、投资、建设及改造，水资源评估及利用等方面提供科学的数据依据，从而避免了资源的浪费。

因此，城市供水企业和运行管理部门对供水量的预测尤为关注，特别像重庆市如此严重的缺水城市（全国400个缺水城市之一，属于中度缺水地区，其中12个区县属于重度缺水地区）。另外，我国供水设施专业管理水平偏低，缺乏有效监管，水资源利用方式粗放。所以，供水量的预测一方面可以为相关部门水资源管理提供技术支持，促进管理和决策的合理化，提高水资源利用的效率；另一方面可以对该领域预测方法进行有效的探索和检验，并对进一步研究起到一定的推动作用。

1.2 城市供水量预测方法研究现状

在我国供水事业迅猛发展的今天，衡量一个供水企业的管理是否走向现代化、自动化的显著标志之一就是城市供水量预测的水平。与此相关的理论研究一直没有中断过，方法也很多。一般的，预测工作是通过对数据库中的历史供水量数据进行分析，得到数据背后的信息量（这些数据的整体特征及其发展趋势），从而建立预测模型。但是由于此类数据没有明显的模式化结构，使得用传统统计学模型或方法来分析和预测未来时段供水量或者不经济（数据收集工作量大、大数据运算负荷大、有效数据少等），或者在某些情况下不能获得有实际意义的模型（统计学模型是建立在数据序列具有特定性质假设的基础上），从而出现了数据丰富、信息短缺的现象。因此，此类问题亟须功能强大的数据分析处理技术来解决。通过利用各种先进分析方法从大量数据中发现数据序列内在特性，包括趋势、周期、季节性影响、随机等各种特性，从而较为准确的建立预测模式和数据间的关系。学者们通过长期对数据库技术的研究和开发，在对历史数据进行查询和处理技术提高的同时，能够发现历史数据序列之间的内在联系，从而对未来信息进行有效预测。本章节从传统预测方法和基于新技术的方法两个方面来对研究现状进行描述和讨论。

1.2.1　传统预测方法

传统预测方法是基于统计学理论发展而来的，主要建模方法有回归分析法、指数平滑法、趋势外推法、移动平均法等。此类方法使用时要对数据序列性质进行假设，若假设条件合理，得出的结果较为理想；反之，则预测模型将会严重失真。尤其是，指数平滑法和趋势外推法更加依赖于数据特性，故使用范围较小。本书仅对使用较为广泛、效果良好的回归分析法、趋势外推法和混合自回归滑动平均模型进行介绍。

①回归分析法。回归分析法是在调研大量历史数据的基础上，利用数理统计方法建立因变量与自变量之间的回归方程（回归关系函数表达式）。在回归分析中，当研究的因果关系只涉及一个自变量时，称为一元回归分析；当研究的因果关系涉及两个或两个以上自变量时，称为多元回归分析。根据回归方程的表达形式，回归分析可以分为线性回归和非线性回归，其中非线性回归的一般解决方式是通过变量变换，将非线性回归转变为线性回归，然后对因果关系进行线性回归分析。而线性回归方法是按最小二乘法原理来求出回归系数值，从而得到预测模型[9]。

张雅君等[10]利用多元线性回归分析方法对城市生活需水量的影响因素（非农业人口数量、第三产业产值、人均居住面积和绿地因子）进行回归分析，确定了最终的预测方程（非农业人口数量和人均居住面积为主要因素），并对北京市 2010 年城市生活需水量进行了预测。龙德江[11]选用总人口数、固定资产值、工业单位数量、国内生产总值、人均国民生产总值、人均日生活需水量和供水能力 7 个因素做主成分分析，最后建立总人口数、国内生产总值和供水量之间的多元线性回归模型。鞠佳伟等[12]构造了以温度、天气和假日为变量的多元线性回归预测模型，通过测试发现重大节日对供水量预测误差影响较大，其中春节前后预测结果误差最大，对模型进行优化后预测误差显著降低。

亚萨尔等[13]建立了月平均水费、总人口数、大气温度、相对湿度、降雨量、全球太阳辐射、日照时间、风速、气压与供水量的多元非线性回归模型，通过多步预测，得出最符合土耳其亚达纳城的供水量预测模型。梅斯等[14]建立了中长期用水量与水价、人口、居民人均收入、年降雨量 4 个相关因子间的对数和半对数回归模型，并成功应用于美国得克萨斯州中长期用水量的预测。布雷克等[15]采用逐步回归法进行城市供水量预测，缩短了多元回归模式中用于常规趋势分析和单位水量需求分析的时间，减少了统计人员的工作量，提高了建模效率和精度。

本方法计算方便，适用于在系统没有发生重大变化、波动较小的年用水量的预测[16]，同时要求有更多类型的原始建模数据。对于数据波动较大的供水量预测问题，由于影响因素复杂，且影响因素未来值的准确预测较难，不宜采用该方法。由于该方法的预测精度直接取决于影响因素的选取、原始建模数据的准确性和选用模型的合理性，因此对上述问题在没有充分把握的情况下要慎重使用。根据回归理论，该方法主要用于内推预测，外推预测的精度无法保证。

②趋势外推法。趋势外推法是基于假设"未来趋势是过去和现在连续发展的结果"。换句话说，预测对象随时间推移呈现某种简单的渐进式变化趋势，没有明显的跳跃式发展规律，且能找到一个合适的函数或数学表达式来反映这种变化趋势，就可以利用趋势外推法来实

现预测。一般的，趋势外推法主要包括四个环节：选择预测参数、拟合曲线、趋势外推、预测验证。

周申蓓等[17]提出一种计量抽样趋势外推法对工业用水量进行测算，相对误差控制在10%左右，对于技术和统计受限的行业用水量预测是一种比较理想的预测模型。魏光辉[18]采用趋势外推法和用水定额法相结合的方式对研究区规划水平年各行业需水量进行预测。李稳等[19]构造播种面积、产量与农业需水量变化的趋势面模型，具体分析了不同阶次趋势面模型的拟合程度，选择最佳阶次模型预测未来农业需水量。

此类方法用于水量预测在国外研究较少，主要是研究者考虑到其假设的局限性。除农业、工业等特定行业外（水量与生产过程参数有紧密关联性），水量时间序列具有一定的季节性、周期性等规律，无法找到合适的函数对其进行表征和拟合（常用函数表达式为线性模型、指数曲线、生长曲线、包络曲线等）。所以，趋势外推法的适用范围有限，对于复杂变化特性的时间序列无法得到满意的预测结果。

③混合自回归滑动平均模型。混合自回归滑动平均模型（autoregressive integrated moving average，ARIMA）是自回归和滑动平均模型的综合，通过对时间序列的平稳性分析和模式识别，分别确定模型形式（有三种预测模式，AR、MA 和 ARMA）。ARIMA 模型的基本思想是用数学模型（此模型由自回归项 p、移动平均项 q 和差分次数 d 来确定）来近似描述一个随机序列（此序列是由预测对象随时间推移而形成的）。自从博克斯和詹金斯[20]于 1976 年提出 ARIMA 后，该模型被广泛地运用于供水量预测。

赵凌等[21]分解并剔除原始时间序列的长期趋势及季节变化后，构造其残差序列并进行识别，建立了城市月供水量的 ARIMA 模型，此模型成功用于成都市月供水量预测。练庭宏等[22]利用自相关分析、偏自相关分析等参数辨识模型阶次结构（p，q，d），用来预测未来城市需水量趋势。吉乔伟等[23]综合考虑时用水量的时变性、周期性、非线性、非平稳等特性，引入季节因子，改进 ARMA 模型，用于模拟时用水量趋势，结果表明改进 ARMA 季节模型预测精度较高且预测误差相对稳定。

列昂尼德等[24]通过 ARMA 方法分解，实现对时供水量的模式识别，从而预测时供水量的趋势变化。蒙柏尼等[25]将季节因素与 ARIMA 模型相结合，用于城市需水量预测。亚尔琴塔什等[26]利用 ARIMA 模型构造了 2015～2018 年期间的时间序列供水和需求预测模型，进而计算供水量比、水损与需求比、水损与住宅需求比 3 个重要可持续指标，为城市供水系统可持续发展提供了管理建议。

以上模型预测结果表明，ARIMA 模型在日、月、季度等尺度上的预测精度均可接受，而在完善数据长度的条件下，预测精度将明显提高。此模型优点主要体现在模型简单、建模和预测速度快，可实现多步预测，并且对时、日、月和季供水量预测均有效（一般不用于年预测），在历史数据足够多且系统没有发生重大变化时可得到较高的预测精度，且可用于外推预测。然而 ARIMA 模型的预测精度取决于历史时间序列的长度，历史数据越多，预测精度越高，反之越低。由于实际供水量数据的收集难度较大，过程较为烦琐，所得数据的完整性难以保证，因此采用 ARIMA 模型的精确程度难以保证，并且缺乏适应性和灵活性。

1.2.2 新技术方法

根据目前研究成果，传统供水量预测方法存在以下缺点：一是预测模型大多基于全局建模的角度，而缺失了局部特征的代表性，影响预测精度；二是模型参数筛选的复杂度较高，限制了模型的应用范围；三是此类模型多建立在数学理论和假设的基础上，普适性较差。例如，用于建模的数据一般假设为符合正态分布、具有平稳性和线性等特征，但实际供水量时间序列是非平稳的、非正态的和非线性的，与上述假设不符，故模型的构建存在困难。

为克服传统预测方法的缺点，基于新技术的预测方法主要选择非线性的、自适应的学习方法来进行模型的构建。目前，新技术应用于预测方面的有数据挖掘[27]、人工智能[28]、专家系统[29]等，其实现流程一般为：数据收集、数据前处理、数据变换、数据挖掘、数据结果输出、数据结果评价等（见图1-1）。

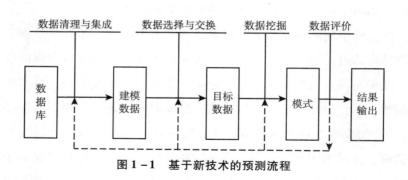

图1-1 基于新技术的预测流程

根据图1-1可以看出，所谓的基于新技术的预测方法就是利用计算机技术（新型智能算法）对数据库中数据进行预处理、建立合适的建模数据集（即图1-1中建模数据和目标数据），经多次训练和验证得到预测模型（即图1-1中模式，模式识别或描述[30-32]是一种对时间序列进行抽象和概括的特征表示方法，功能有两个：一是提取时间序列的特征形态或趋势；二是减少不必要数据波动的干扰，用最少的有效数据点实现对时间序列的刻画，从而降低数据挖掘、模拟算法的计算复杂度），最后用于新数据集的预测。一般预测模型可以划分为数据驱动模型和理论驱动模型[33]，而新技术处理的预测则属于数据驱动模型，它与传统的数据驱动模型（线性回归、平稳性假设）相比，其数据处理手段显得更为多样化，数据处理和分析能力更强，对时间序列的数据特性挖掘更为彻底。

一般应用于预测的新技术通常与计算机科学有关，并通过统计、在线分析处理、机器学习、专家系统（依靠过去的经验法则）和模式识别等诸多方法来实现[34]，给出分析、模拟、预测和优化决策等结果。从目前国内外研究情况看，在供水量预测方面研究和应用最多的新技术有人工神经网络、灰色预测模型、机器学习和其他特殊模型，以及混合方法。

（1）人工神经网络

随着计算机技术的发展和应用，人工神经网络（Artificial Neural Network，ANN）引入城市供水量预测领域。ANN 以具有自学习、较好的容错性、优良的非线性逼近能力、大规模并行计算能力、灵活性和适应性等优点，受到众多研究者的关注。

ANN 有多种网络结构，李适宇等[35]、刘洪波等[36]、袁一星等[37]利用反向传播神经网络，杨艳等[38]、刘洪波等[39]利用小波神经网络，刘俊萍等[40]、王宝庆等[41]利用径向基神经网络，孙月峰等[42]利用模糊神经网络，钱光兴和崔东文[43]分别利用径向基网络和泛化回归神经网络，占敏等[44]构造贝叶斯神经网络，蒋白懿等[45]利用灰色神经网络，预测城市供水量，取得了较好的预测结果。

吉亚斯等[46]提出一种动态神经网络预测方法，利用历史水量数据预测小时、天、周、月供水量，结果显示此方法预测性能优于 ARIMA 和传统反向传播神经网络。阿达莫斯基等[47]通过预测用水量比较多元回归模型、ARIMA 和小波神经网络模型发现，小波神经网络表现出更好的预测能力。菲拉特等[48]利用三种不同 ANN 方法对月用水量进行了预测，结果表明级联相关神经网络预测效果稍微优于其他两种对比网络结构。布卡迪斯等[49]通过比较多元线性回归、ARIMA 和 ANN 三种预测方法研究了前一周总降雨量、最大气压和前一周用水量与预测周的关系，结果表明降雨量为主要影响因素，并且 ANN 表现出最佳预测能力。阿达莫斯基和科拉帕塔基[50]对比了以多元回归和三种类型的 ANN 网络为建模方法的周用水量峰值预测，结果表明列文伯格—马夸尔特法网络结构可以获得更好的预测结果，并且发现用水量峰值与降雨的发生有关。班尼特等[51]分别采用两种类型的前馈反向传播网络和径向基神经网络三种模型在终端用水量预测。阿达莫斯基[52]比较了多元线性回归、时间序列分析和 ANN 模型在夏季高峰日需水量预测中的应用，结果表明 ANN 提供了一个更好的夏季高峰日需水量预测值，同时发现峰值与降雨量的发生有相关性，而不是降雨本身的量。米努等[53]利用小波神经网络来解决非线性和非稳定系统，为类似系统（需水量预测）提供了理论依据。蒂瓦里等[54]提出一种小波引导网络模型，用于日、周和月需水量短期预测，对比 ARI-MA、ARIMAX 和小波神经网络结果表明，此模型获得最佳预测结果。

由于实际供水量具有非线性、时变性等特征，所以 ANN 的自我学习和非线性映射能力能更好地表现供水量的变化规律。但是它却存在着网络结构难以确定、训练时间长、局部极小、可能导致过拟合等具体应用问题[55]。并且不同的网络结构训练参数不同，所以在实际应用中，需要对结构参数进行优化。

（2）灰色预测模型

灰色预测是通过对原始数据序列进行关联分析，累加处理后来寻找数据序列的变动规律，生成更加有较强规律的数据序列，然后建立相应的微分方程，从而预测时间序列发展趋势的状况[56]。灰色预测系统认为，对无规则数据经过累加生成，能降低数据序列的随机性，从而提高预测精度。

利用 GM(1，1) 模型，马溪原和王暖[57]预测了月供水量，徐洪福等[58]、陈为亚[59]、王弘宇等[60]预测了年供水量，杜懿和麻荣永[61]研究了不同灰色模型的年用水量预测问题，王志良等[62]利用等维更新方法改进灰色模型以适应需水量的时变性。国外对此方法在城市供水量预测方面的研究较少。

GM(1，1) 模型解决了历史数据收集难度较大的问题，最少四个数据即可实现预测，但是预测精度取决于数据特性。其本质上是一个指数函数曲线，这就决定了该模型只有在应用于按指数规律变化的序列数据时才可能取得较好的拟合和预测结果[63]。换句话说，数据初始序列是否满足非负的齐次指数规律是能否用 GM 建模的关键。刘思峰和邓聚龙[64]对指数序列的数据进行模拟实验表明，只有在发展系数小于 0.3 时才可用于中长期预测，在 [0.3，0.5] 时用于短期预测。对于城市供水量预测，如果一定时期内在系统没有发生重大变化时，并且原始数据序列满足指数函数时，可用 GM(1，1) 模型预测年用水量，但不可外推太多步长（一般为 1~3）。数据波动较大的时、日、月和季度供水量预测不宜采用 GM(1，1) 模型。一般的，只有在数据十分缺乏不能用其他方法预测时，原始数据序列又基本满足指数曲线规律时才考虑用 GM(1，1) 模型。

（3）机器学习模型

机器学习是一门涉及概率论、统计学、逼近论、凸分析、算法复杂度理论等多领域交叉学科。通过对给定的训练样本中的输入输出数据之间的学习模式关系估计，使这种模式关系能够对未知输出做出尽可能准确地预测[65]。机器学习至今没有一个精确的、公认的模型公式和定义。作为人工智能的一个新型重要研究领域，机器学习的研究工作目前主要围绕三个方面进行，即学习机理、学习方法和面向任务。模式识别、函数逼近和概率密度估计是三类基本的机器学习问题[66-68]。其具有代表性的方法有支持向量机[69]（Support Vector Machine，SVM）和相关向量机[70]（Relevance Vector Machine，RVM）。

SVM 是基于统计学的 VC 维理论和结构风险最小原理的基础上建立的，根据有限的样本信息在学习模型的复杂性（即对特定训练样本集的学习精度）和学习能力（即无错误地识别任意样本的能力）之间寻求最佳折衷，以求获得最好的推广能力[68]。与传统 ANN 方法相比，SVM 以最小结构风险方式求解一个二次型寻优问题，而非传统的最小经验风险模式，从理论上说，避免了在 ANN 中可能出现的局部极小值问题；另外，SVM 的拓扑结构由支持向量决定，避免了传统 ANN 拓扑结构需要经验试凑的缺点[71]，同时 SVM 具有很好的泛化性能（由于其能以任意精度逼近任意函数）。RVM 的训练是在贝叶斯框架下进行的，根据主动相关决策理论在先验参数的结构下移除不相关的点，从而获得稀疏化的模型。在数据样本的迭代、学习和训练过程中，大部分参数的后验分布是趋于零的，与预测值无关，体现了数据中最核心的特征。与 SVM 模型的结构相比，RVM 最大的优势就是核函数的计算量较少，并且所选核函数没有要求必须满足 Mercer 条件[72]。

此类方法对于处理小样本、非线性及高维模式识别等问题具有一定的优势，并能够推广应用到函数拟合、决策支持等其他机器学习问题中，因此成为继 ANN 之后新的研究热点。

陈磊和张土乔[73]利用最小二乘支持向量机预测小时用水量，仿真结果表明与反向传播神经网络的时用水量模型相比，最小二乘支持向量机的时用水量模型具有更强的预测能力。俞亭超等[74]结合峰值识别理论，加强峰值误差的权重，利用 SVM 提高时用水量峰值预测精度。陈磊[75]通过引入参数 v 代替传统 SVM 算法的不敏感系数 ε，有效地控制了支持向量个数。实例分析结果表明，与基于反向传播神经网络的预测模型和基于传统 SVM 预测模型相比，v – SVM 的时用水量预测模型建模速度更快，预测精度更高。刘纬芳和刘成忠[76]利用 SVM 建立了年用水量回归预测模型，利用网格搜索法优化参数，并进行精度的检验。结果表明结合用网络搜索法对 SVM 参数优化可以较高地提高年预测精度。罗华毅等[77]采用基于改进粒子群的最小二乘支持向量模型预测原水需水量，发现节假日期间预测结果偏差较大，构造基于时差系数的小时级与天级修正模型，用以改善模型预测效果。

埃雷拉等[78]加入了四个因素（温度、风速、降雨量、大气压）对供水量的影响，对比 ANN、投影寻踪回归、多元自适应样条回归、随机森林算法和 SVM，结果表明 SVM 效果最好。而米伊萨等[79]对日供水量分别建立 SVM 和 ANN，显示相反的结果，但预测精度相差不大。巴哈瓦特和迈蒂[80]利用最小二乘支持向量回归模型对某河流的日流量进行了预测，与 ANN 相比，预测效果更好。笔者提出一种多尺度的 RVM 预测模型，用于日用水量预测，预测结果表明该模型较传统 RVM 模型具有更高的精度[81]。穆阿挞迪和阿达莫斯基[82]对比了 ANN、SVM、极限学习机和多元线性回归模型在需水量预测中的差别，结果表明极限学习机有较高的预测精度，可以作为一种有效的短期需水量预测方法。

（4）其他模型

除以上常用模型外，一些特殊模型在供水量预测方面的应用也取得了较为理想的结果。例如情景模式模型[83]、决策支持系统[84,85]、分形理论[86,87]、状态空间模型[88]、Water GAP2[89]、粗糙集理论[90]、决策树[91,92]、随机森林[93]、系统动力学模型[94]、分布式空间模型[95]等。此类模型借助计算机科学、数学、系统学、几何学、管理学等交叉学科知识和理论，从特殊的视角去研究城市供水量演变规律，拓展了供水时间序列特性分析的渠道，揭示出许多机理/半机理的新知识。这些模型具有广阔的研究前景，但目前实例应用较少，是未来的主要工作之一。

（5）组合预测模型

从信息的利用方面来说，任何一个单一预测方法都只能利用部分有效数据，为了保证模型精度也可能舍弃了其他有效数据，而不同的预测方法往往能结合利用不同的有效数据。由于不同的预测模型对于数据类型要求不同，导致了预测模型的不同适用条件、优缺点和预测能力，所以为了提高供水量预测效果，学者们提出了许多组合模型[96,97]。

张倩等[98]建立基于灰色理论和线性回归预测模型预测年需水量，结果表明组合模型预测效果优于单一模型。李黎武和施周[99]选用小波 SVM，建立城市用水量非线性组合预测模型，实例表明，该模型具有很强的泛化能力与适应数据和函数变化的能力，能够有效地提高预测精度。李斌等[100]建立灰色神经网络的二元组合预测模型对长沙市河西供水系统的用水量进行短期预测，预测效果优良，能满足实际用水量需求。其中组合模型的权重确定使用的是以预测方法有效度为优化指标的求解模型。王圃等[101,102]通过构造组合预测模型减小了 GM 模型的固有偏差，田一梅等[103]构造偏最小二乘与灰色组合预测模型来预测城市年生活需水量。景亚平等[104]提出了基于马尔科夫链修正的组合灰色神经网络预测模型，结果表明对实际问题的拟合预测效果优于组合灰色神经网络及修正各单项预测模型。孙强和王秋萍[105]筛选出对年供水量有影响的八个因素（生产总值、家庭用水量、社会固定资产投资、人口、生产用水、日综合生产能力、人均生活用水量、年降水量），构造了粗糙集和灰色理论的融合预测模型。张灵等[106]融合了加速遗传算法和SVM，应用于珠海市年用水量预测，结果表明与反向传播神经网络相比，此混合方法更加适用于小样本预测，精度高。孙晓婷等[107]为了同时提高预测精度与计算效率，提出一种混沌局域法与神经网络组合供水量预测模型。

普利多—卡尔沃等[108]构造了线性回归和神经网络混合组成模型对农业灌溉用水进行了预测。纳赛里等[109]提出了基于扩展卡尔曼滤波器和遗传算法的月供水量预测模型。皮特[110]提出了一种融合了ANN和ARIMA的时间序列预测模型。欧丹和雷斯[111]将时用水量序列进行傅立叶变换，产生的傅立叶级数误差作为反向传播神经网络输入量，用来预测时用水量，其预测效果比反向传播神经网络和动态ANN都好。蔡西名等[112]结合线性规划和遗传算法来处理非线性水系统管理问题，取得了较好的结果。黄莉莉等[113]通过小波技术将年用水量分解为高频和低频成分，建立组合预测模型（核偏最小二乘法和ARMA分别拟合低频和高频成分）。阿扎德等[114]构造了一个结合了ANN、模糊线性回归和短期方程分析模式的预测模型。萨丁哈—艾伦等[115]研究了一种平行自适应加权策略用于解决混合模型组合问题，并成功用于短期（24~48小时）供水量预测。

从组合形式上来说，组合预测有两种基本形式等权组合（各预测方法的预测值按相同的权数组合成新的预测值）和不等权组合（不同预测方法的预测值的权重不一样）。根据目前的研究成果表明，采用不等权组合方式能够取得较好的预测结果。目前，已发表的组合预测模型[116,117]均表现出了较单一模型优秀的预测能力，但并不是绝对的。在组合预测时，需要考虑时间序列特性，以及模型的适用性和可操作性，这样才能避免在过多增加运算量的基础上提高预测效果。

1.2.3 预测方法及建模总结

通过以上介绍，对各类供水量预测方法和模型的适用范围、使用条件及优缺点进行归纳总结。汇总结果见表1-2。

虽然各方法建模思路不同,但大体均考虑了以下三种基本特性。

①系统性。城市需水量是一个系统结构,既要考虑系统内部的相互关系,又要考虑系统与外部环境的相互关系,必须以系统的全面视角去分析城市需水量演变规律,方可全面把握并对其趋势进行预测。

②时序性。狭义上,时序性指的是需水量在历史时刻中是连贯的,保持相对稳定的连续发展趋势,从而可以利用其历史数据对其演变过程进行拟合。广义上,时序性也应该考虑类似历史数据序列,其演变过程与历史进程发展模式有一定关联(历史同期社会发展水平、人民用水习惯、水资源管理政策等),可通过类比方式来预测未来城市需水量。

③动态性。时序性体现了需水量时间序列的历史发展规律,那么动态性则是改变时序性的催化剂。任何事物发展过程中,都会受到各种不可控或未知因素的干扰,从而改变事物历史发展规律,破坏其时序性,出现各种突变。所以在建模过程中,不仅考虑城市供水的时序性,更要考虑其动态性,从而减小预测误差。

目前的供水量预测方法或模型研究就是在这样的思考中展开的,一般的预测建模步骤如下。

①数据收集及预处理。保证数据的完整性、真实性、全面性;根据获得数据的不同,利用插值补充缺失信息、熵理论评价信息、归一化消除数量级影响等对数据进行预处理。

②数据特性分析及模型选择。首先,利用定性或定量方法来研究城市需水量的结构形式和变化趋势特性。然后,选择合适的预测框架来模拟变化特性。

③模型参数识别。依据不同模型建模需求,对模型参数进行定义、优化、识别等,筛选出最佳预测模型参数,对目标数据进行

预测。

④预测模型检验。通过统计学指标分析，从而评价预测效果。只有满足预测精度要求，才可用于实际预测工作。

⑤预测结果评价。通过检验的预测模型，用于实际预测。研究者对预测结果产生的误差进行分析和评价，若预测误差能满足一定的精度要求，则说明模型能满足预测要求，预测的结果是合理的，否则预测结果不合理，必须分析其原因，以调整和修改模型。

表1-2 供水量预测方法分类总结

名称	适用范围	使用条件	优势	劣势
回归分析法	对水资源规划或供水量长期预测（年预测）	数据足够多、相关信息数据丰富	能够较准确地表达出供水量与影响因素之间的函数关系	建模信息类型及数据长度要求较高、历史数据准确性要求高、预测成本偏高
趋势外推法	技术和统计受限的水资源规划或行业水量长期预测（年）	年度变化呈现渐变型	具有明确的数学表达式，一定程度揭示曲线特性，模型结构简单	使用对象较为单一，对变化不大的特定行业水量预测效果好，其他效果较差
ARIMA	城市供水调度预测（时、日、月）	具有明显季节性、趋势性、周期性等特性的数据	较好的将数据序列不同性质表达出来	处理复杂非线性的数据序列能力较差
ANN	城市供水调度预测（时、日、月）	无特殊要求	非线性映射能力好，可对数据进行实时修正	模型参数选择方法（试差法）较落后，训练时间长，存在过拟合现象等
灰色预测	基础数据缺乏（年、月）	预测时间短、数据符合指数规律	对贫数据序列有较好的拟合	有特殊的数据性质要求、预测步长较短（一般1~3）

续表

名称	适用范围	使用条件	优势	劣势
机器学习	城市供水调度预测（时、日、月）	无特殊要求	解决小样本、非线性及函数拟合等问题，模型结构简单，较好地解决了神经网络训练易陷入局部最优的问题	模型输入结构的确定
其他方法（单一）	年、月、日、时预测	数据信息类型要求多样性	能够较好的拟合特殊数据序列	普适性有待研究
组合预测	年、月、日、时预测	根据采用的不同预测方法建模要求、数据性质确定	使不同供水量性质充分反映其响应特征，预测精度较高、稳定性较好	数据分析技术要求较高，模型选择依据有待研究

1.3　供水量序列特性简述

根据 1.2 小节介绍，可知组合预测效果在一定程度上优于单一预测模式，其原因是不同的预测模型对不同时间序列的特性跟踪能力不同。为了能够选择出合适的供水量时间序列预测模式，需要对其性质进行分析。

文献[118-120]研究表明，虽然综合用水与居民生活用水的比值会随地区的差异而有所变化（一般保持在 15%～30% 幅度之间），但变化幅度不大，所以综合生活用水情况与居民生活用水变化规律基本一致。同时，年用水量的多少主要与城市规模（人口、经济等因素）、城市水资源管理程度和水资源充沛程度有关。根据表 1-1 可以看出，年人均用水量时间序列具有平稳上升的趋势，但这种趋势效果在不同的地区表现不同（见表 1-3[1]）。比如，北京多年城市供水量平稳上

表1-3 2004~2016年中国部分省市区供水统计量

单位：亿立方米

省市区	2004年	2005年	2006年	2007年	2008年	2009年	2010年	2011年	2012年	2013年	2014年	2015年	2016年
北京	34.6	34.5	34.3	34.8	35.1	35.5	35.2	35.2	35.9	36.4	37.5	38.2	38.3
上海	118.1	121.3	118.6	120.2	119.8	125.2	126.3	126.3	116.0	123.2	105.9	103.8	104.8
天津	22.1	23.1	23.0	23.4	22.3	23.4	22.5	22.5	23.1	23.8	24.1	25.7	27.2
重庆	67.5	71.2	73.2	77.4	82.8	85.3	86.4	86.4	82.9	83.9	80.5	79.0	77.5
江苏	525.6	519.7	546.4	558.3	558.3	549.2	552.2	552.2	552.2	576.7	591.3	574.5	577.4
广东	464.8	459.0	459.4	462.5	461.5	463.4	469.0	469.0	451.0	443.2	442.5	443.1	435.0
安徽	209.7	208.0	241.9	232.1	266.4	291.9	293.1	293.1	292.6	296.0	272.1	288.7	290.7
福建	184.9	186.9	187.3	196.3	198.0	201.4	202.5	202.5	200.1	204.8	205.6	201.3	189.1
辽宁	130.2	133.3	141.2	142.9	142.8	142.8	143.7	143.7	142.2	142.1	141.8	140.8	135.4
山东	214.9	211.0	225.8	219.5	219.9	220.0	222.5	222.5	221.8	217.9	214.5	212.8	214.0
山西	55.9	55.7	59.3	58.7	56.9	56.3	63.8	63.8	73.4	73.8	71.4	73.6	75.5
河南	200.7	197.8	227.0	209.3	227.5	233.7	224.6	224.7	238.6	240.6	209.3	222.8	227.6
广西	290.8	312.9	314.4	310.1	310.1	303.4	301.6	301.6	303.0	308.2	307.6	299.3	290.6
海南	46.3	44.1	46.5	46.7	46.9	44.5	44.4	44.4	45.3	43.2	45.0	45.8	45.0
四川	210.4	212.3	215.1	214.0	207.6	223.5	230.3	230.3	245.9	242.5	236.9	265.5	267.3
贵州	94.3	97.2	100.0	98.0	101.9	100.4	101.4	101.4	100.8	92.0	95.3	97.5	100.3
陕西	75.5	78.8	84.1	81.5	85.5	84.3	83.4	83.4	88.0	89.2	89.8	91.2	90.8
新疆	497.1	508.5	513.4	517.7	528.2	530.9	535.1	535.1	590.1	588.0	581.8	577.2	565.4

资料来源：中国统计年鉴 http://www.stats.gov.cn/tjsj/ndsj/。

升；上海在"十一五""十二五"期间供水量波动频繁，且在"十二
五"后期开始呈现下降趋势；重庆在"十一五"期间供水量达到最
大，"十二五"期间供水量开始降低；海南多年城市供水量保持稳定。
吉方英等[121]研究发现，城镇规模的差异导致了其年用水量的不同，
但对于某个具体的小城镇，其年用水量的变化波动一般是平缓的，但
有时甚至会出现用水量减少的现象。城镇规模越大，年变化幅度也
大；反之，年变化幅度也小。所以对于年供水量的预测，主要影响是
宏观角度的相关因素，利用灰色预测、组合预测方式比较合适。

月供水量时间序列在年际变化中表现出季节性更替：夏季（7~9
月）水量最大，春秋季次之，冬天最少。这一规律在月供水量时间序
列中表现得非常明显，并且在蒙柏尼等[25]、吉方英等[121]、纳吉
等[122]的研究中对这一规律进行了研究总结。所以对于月供水量的预
测，受季节更替影响较大，利用 ARIMA（季节性变化的 ARIMA）、组
合预测方式比较合适。

日供水量时间序列随月份的更替呈现出一定的规律性，当进入每
年的冬季和春季时，其用水量开始降低直至年度最低值，当进入夏季
和秋季时，用水量开始增加并最终达到年最高值。同时，日供水量变
化也呈现出一周中周末用水量比正常周一到周五的多[123]，文献[121]得
出相反结论，这是由于小城镇的"假期效应"引起的。所以对于日供
水量的预测，受气候、节假日、人口等诸多因素影响，利用神经网
络、机器学习和组合预测方式比较合适。

时供水量时间序列在一天的变化中呈现出三个用水高峰时段，
分别为早上 6 时~9 时、中午 11 时~13 时、下午 17 时~19 时[124]。
这个用水高峰期代表了居民一天的作息时间，即用水时段的反映。
而在国外，时变化曲线是从早上 6 时~10 时上升，上午 10 时~下
午 4 时曲线先降后增，在下午 4 时~晚上 11 时在不同的工作日/周

末出现不同的变化情况[78]。所以对于时供水量的预测，受生活习惯、节假日等因素影响，利用神经网络、机器学习和组合预测方式比较合适。

通过对不同性质供水量时间序列的简要介绍和分析，了解到趋势性、周期性（季节性）普遍存在于供水量时间序列中，同时受居民生活习惯、气候、节假日等因素的综合影响，使不同供水量时间序列表现出不同的变化规律（此规律是有迹可循的）。另外，受一些不可控因素（市政设施故障、检修、突发供水水质污染事件等）干扰，供水量时间序列曲线在局部体现出了随机突变。所以，建立数据驱动的预测模型，仅仅利用历史数据进行建模和预测，还难以达到供水系统优化调度的精度要求，预测模型还需要从各特性分析角度出发。换句话说，结合时间序列的特性分析和预测新技术的预测模型可以提高预测精度，具有一定的研究和应用前景。

1.4　研究内容及章节安排

由于天气候条件、节假日等因素对用水量的影响，供水量时间序列表现出不同的特性（变化规律）。若抛开这些外在影响因素，采用单纯数据驱动的时间序列方法来对未来供水量进行预测的话，存在一定的局限性，最终影响其预测精度。鉴于新技术的数据分析能力、数据挖掘能力、非线性映射能力等特点，结合不同时间序列的表达特性，建立了基于时间序列特性驱动的供水量预测模型。

本书的总体内容结构如图1-2所示。其中，第1章绪论部分，主要介绍了供水量预测的研究背景和意义，国内外预测方法的研究现状，以及供水量时间序列特性研究现状；第2章为预测建模相关理论及技术概述；第 3 章是对供水量时间序列进行可预测性分析；第 4 章是常用供水量预测方法详细介绍及实例分析；第 5 章是基于多尺度最小二乘支持向量回归（MS – LSSVR）的日供水量预测研究；第 6 章是基于变结构最小二乘支持向量回归（VS – LSSVR）的日用水量预测研究；第 7 章是基于加法模型的月供水量预测研究；第 8 章对全文的研究工作进行了总结和展望。各章节主要内容如下。

第 1 章绪论部分。首先阐述了本书的研究背景和意义，然后对国内外供水量预测模型和方法研究的现状进行了细致介绍和分析，再次对供水量时间序列的特性研究进行了介绍和分析。最后在此基础上，明确了本书的研究内容。

第 2 章预测建模相关理论及技术概述。首先从建模一般步骤出发，分步骤简要介绍了本书建模各环节所涉及的基础理论与应用技术，然后探讨了预测模型的选择方案，最后介绍了模型评价过程涉及的不同指标。

第 3 章供水量时间序列的可预测性分析。首先对时间序列可预测特性进行介绍，然后引入混沌理论对供水量时间序列进行分析，通过采用混沌特性识别（定性和定量）对时间序列进行可预测分析，最后得出实例的可预测性。

第 4 章为常用供水量预测方法详细介绍及实例分析研究。首先详细介绍了四种比较常用的预测模型（传统预测模型 ARIMA 和基于新技术的预测模型：误差反向传播神经网络 BPNN、模糊神经网络 ANFIS 和最小二乘支持向量模型 LSSVR），包括建模理论及步骤；然后分别进行实例建模（其中 BPNN、ANFIS 和 LSSVR 三种模型输入—输出模式根据第 2 章确定的相空间重构结构进行建模）、预测和分析。

基于供水量预测建模的三个要求（①准确性。预测结果应达到精度要求，才能被有效利用，不准确的预测结果既无意义，也会造成指导性错误；②鲁棒性。预测模型要基本适用于不同时段的预测要求，给出精确度大体相当的预测结果，仅对某几个特定时间段适用的模型不具有普适性；③动态反馈性。预测模型要适应供水时间序列的动态变化，对模型的参数实现在线更新、调整），第5章和第6章分别研究日供水量多尺度和动态预测。

第5章为多尺度最小二乘支持向量回归（MS－LSSVR）的日供水量预测研究。针对全局预测精度较低的问题，提出了局部建模方法，将非稳态日供水量序列分解为稳态子序列，使日供水量时间序列的局部特性最大程度分离、放大，降低了原序列的复杂度，减小了模型计算负荷，提高了模型特征拟合度。

第6章为变结构最小二乘支持向量回归（VS－LSSVR）的日用水量预测研究。城市供水系统是按一定规律变化发展的，如果影响这种内在规律的客观条件发生了变化，原来起作用的规律也就随之发生变化，使供水系统的变化出现转折或突变，不再按原来的趋势（规律）延续下去，这时系统的有序性（原有秩序）受到破坏，向无序性（新秩序）转化，从原有规律的延伸变化中偏移出来。因此，城市供水量预测不仅需要反映供水系统的历史发展规律，而且应当处理好转折点或突变点出现的现象，这就是预测系统的动态性原则。所以，本章提出了变结构的预测模型。

第7章为月供水量预测研究。基于对月供水量的特性分析，其具有明显的年度趋势性和季节周期性，所以单一模型对其预测效果不够理想。所以，利用加法模型对其特征项进行独立预测，提高了模型预测适用性，从而降低了预测误差。

第8章为总结。本章对全文主要研究工作及成果进行了总结，并提出了本书的主要创新点。

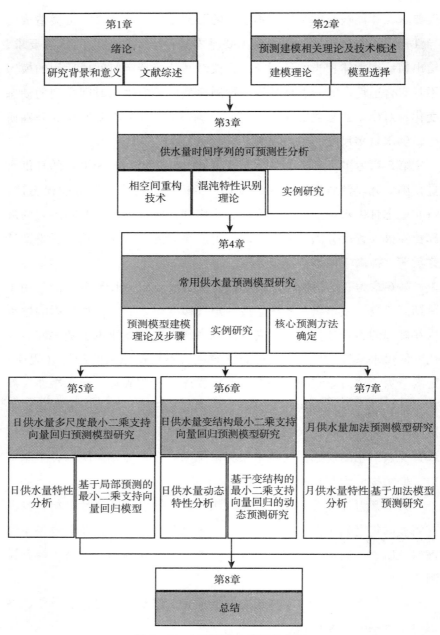

图 1－2　本书研究内容结构框架

第 2 章

预测建模相关理论及技术概述

预测是在掌握现有信息的基础上，依照一定的方法和规律建立对未来趋势演化的模型或方程，以预先了解事情发展的过程与结果，为决策提供科学依据。

目前，通用预测建模过程如下（见图 2-1）。

①目标理解，建模第一步。首先要充分了解预测对象和最终目的，并将这些目的与数据挖掘的定义及结果结合起来，为后续数据收集做准备。

②数据收集，基于对目标理解和数据源分析，对可利用数据进行收集，并对数据做初步评估。

③数据预处理，根据可利用的原始数据所表达信息内容和结构，对其进行一系列的处理，包括归一、插值、清洗等，使之达到模型拟合基本需求。

④数据特性学习，影响建模效果的重要组成部分。模型拟合的是信息特征的数字化表示，而非数据本身。所以需要利用数据挖掘工具对数据本身进行特性学习，最大化实现特性表征。

⑤模型选择及建模，由表 1-2 可知，不同模型有各自的优缺点

和适用范围，对于不同特性表征的时间序列需要选择对应的模型，以达到提高模型效能的目的，这是影响建模效果的直接影响步骤。所以，特性驱动的建模是一种有效途径。

⑥模型评估，利用不同统计学指标对预测模型效果进行评估，从而定量评估模型实现第一步目标理解目的的效果。

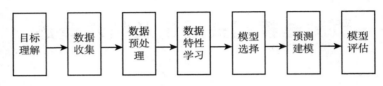

图 2 - 1 预测建模一般步骤框架

本章以建模的一般过程为主线，以城市供水量预测为目标，对本书后续章节所涉及的建模基本理论和技术做简要介绍。

2.1 数据准备及预处理技术

2.1.1 数据准备

在理解目标需求的基础上，需要有针对性地去收集（准备）数据。由于在收集过程中可能遭遇许多属性字段，所以需要判断和筛选哪些变量及字节可能参加模型的建立。在这一过程中，较为常用的筛选数据算法包括特征选择。特征选择是根据数据库存在的预测变量与目标变量之间的关联度，或者说是考察每个预测变量对与预测结果的重要程度。

特征选择算法包括以下三个步骤[125]：①筛选。通过剔除不重要或者是有问题的预测变量概率，如预测变量含有过多的缺失值，或者是预测变量的变化对预测效果不太明显。②分级。对相关预测变量根据其对模型的重要性进行排序（其中根据目标变量是离散型还是连续型，计算的具体方法有不同的重要性指标，具体分级流程见图2-2）；③选择。在生成模型的功能预测变量时，保留最重要的预测变量，从而过滤和排除其他不重要的预测变量。

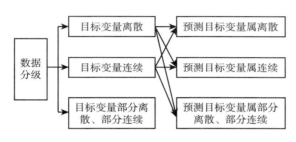

图2-2　数据分级流程

2.1.2　数据预处理

对于数据分析而言，什么是核心？答案显而易见——数据。通过数据挖掘，才能揭示数据背后隐含的特性，从而指导建模。但是并不是所有的数据都是有用的，大多数数据是参差不齐的，概念层次不清的，数量级不同的，这就给后续的数据分析和数据挖掘带来了极大的麻烦，甚至导致错误的结论。所以"如何对数据进行预处理，提高数据质量，从而提高挖掘结果的质量？"一直以来都是研究的热点。

不正确、不完整和不一致的数据是现实世界大型数据库和数据仓库的共同特点，所以严重影响着数据质量。一般而言，影响数据质量的因素有数据准确性、完整性、一致性、时效性、可信性和可解释性等。

（1） 准确性

不正确的数据（即具有不正确的属性值）可能有多种原因，收集数据的设备可能出故障；人或计算机的错误可能在数据输入时出现；当用户不希望提交个人信息时，可能故意向强制输入字段输入不正确的值（例如，时间选择默认值"1月1日"），这称为被掩盖的缺失数据。错误也可能在数据传输中出现，这也许是受技术的限制所致。不正确的数据也可能是由命名约定或所用的数据代码不一致，或输入字段（如日期）的格式不一致而导致。

（2） 完整性和一致性

不完整数据的出现可能有多种原因。有些感兴趣的属性，并非总是可以得到的。其他数据没有包含在内，可能只是因为输入时认为是不重要的。相关数据没有记录可能是由于理解错误，或者因为设备故障。与其他记录不一致的数据可能已经被删除。此外，历史或修改的数据可能被忽略。缺失的数据，特别是某些属性上缺失值的元组，可能需要推导出来。数据质量依赖数据的应用。对于给定的数据库，两个不同的用户可能有完全不同的评估。

（3） 时效性

是供水信息仅在一定时间段内对供水调度决策具有价值的属性。决策的时效性很大程度上制约着决策的客观效果。就是说同一件事物在不同的时间具有很大的性质上的差异，时效性影响着决策的生效时间，可以说是时效性决定了决策在那些时间内有效。这个属性严重影响着数据质量。

（4） 可信性和可解释性

可信性反映有多少数据是用户信赖的，也可理解为数据真实性；而可解释性反映数据是否容易理解。

针对以上影响因素，数据预处理通常方式为数据清理、数据集成、数据变换、数据规约[126]。

（1）数据清理

现实世界的数据一般是不完整的、有噪声的和不一致的。数据清理的目的是通过填充缺失的值，光滑噪声和识别离群点，纠正数据中的不一致。数据清理分为缺失值处理、噪音数据处理及不一致数据的处理三种模式。

对于缺失值，可采用忽略元组（当每个属性缺失值的百分比变化很大时，它的性能特别差）、人工填写（该方法很费时，并且当数据集很大、缺少很多值时，该方法可能行不通）、使用一个全局常量填充（尽管该方法简单，但是并不十分可靠）、使用属性的中心度量填充（对于正常的或对称的数据分布而言，可以使用均值，而倾斜数据分布应该使用中位数）、使用与给定元组属同一类的所有样本的属性均值或中位数、使用最可能的值填充（可以用回归、使用贝叶斯形式化方法的基于推理的工具或决策树归纳确定）。其中，使用最可能的值填充缺失值是最流行的策略，与其他方法相比，它使用已有数据的大部分信息来推测缺失值。在某些情况下，缺失值并不意味着有错误。理想情况下，每个属性都应当有一个或多个关于空值条件的规则。这些规则可以说明是否允许空值，并且/或者说明这样的空值应当如何处理或转换。

对于噪声数据，噪声是被测量变量的随机误差或方差。给定一个数值属性，通过什么方式才能"光滑"数据，去掉噪声？一般包括分箱、回归、离散点分析等。分箱是通过考察数据的"近邻"（周围的值）来光滑有序数据值，这些有序的值被分布到一些"桶"或箱中。由于分箱方法考察近邻的值，因此它进行局部光滑。主要方式有箱均值光滑（箱中每一个值被箱中的平均值替换）、箱中位数平滑（箱中的每一个值被箱中的中位数替换）和箱边界平滑（箱中的最大和最小值同样被视为边界。箱中的每一个值被最近的边界值替换），一般而言，宽度越大，光滑效果越明显。箱也可以是等宽的，其中每个箱值的区间范围是个常量。分箱也可以作为一种离散化技术使用。回归是利用一个函数拟合数据来平滑数据，线性回归涉及找出拟合两个属性（或变量）的"最佳"直线，使得一个属性能够预测另一个；多线性回归是线性回归的扩展，它涉及多于两个属性，并且数据拟合到一个多维面。使用回归，找出适合数据的数学方程式，能够帮助消除噪声。离群点分析是通过如聚类来检测离群点，聚类将类似的值组织成群或"簇"，落在簇集合之外的值被视为离群点。

对于不一致数据，有些可以使用其他佐证材料人工地加以更正。例如，数据输入时的错误可以使用纸上的记录加以更正。这可以与用来帮助纠正编码不一致的例程一块使用。知识工程工具也可以用来检测违反限制的数据。例如，知道属性间的函数依赖，可以查找违反函数依赖的值。

（2）数据集成

即把多个原数据序列中的数据结合、存放到一个数据存储框架下，如数据库。集成既有助于减少结果数据集的冗余和不一致，也有助于提高其后续挖掘过程的准确性和速度。其中要考虑三个问题：实体识别、数据冗余和数据值冲突检测与处理。

对于实体识别问题，实际上就是模式集成与对象匹配的问题。例如，计算机如何才能确信一个数据库中的某一属性和另一个数据库中的某一属性指的是同一实体？每个属性的元数据包括名字、含义、数据类型和属性的允许取值范围，以及处理空白、零或 Null 值的空值规则。通常数据库和数据仓库有元数据——关于数据的数据，这种元数据可以帮助避免模式集成的错误，元数据还可以用来帮助变换数据。在集成期间，当一个数据库的属性与另一个数据库的属性匹配时，必须特别注意数据的结构。这旨在确保源系统中的函数依赖和参照约束与目标系统中的匹配。

对于数据冗余，指的是指数据之间的重复，也可以说是同一数据存储在不同数据文件中的现象。例如，一个属性能由另一个或另一组属性"导出"，则这个属性可能是冗余的。有些冗余可以被相关分析检测到。例如，给定两个属性，根据可用的数据，这种分析可以度量一个属性能在多大程度上蕴含另一个。对于标称数据，我们使用卡方检验。对于数值属性，我们使用相关系数和协方差，它们都评估一个属性的值如何随另一个变化。除了检测属性间的冗余外，还应当在元组级检测重复（例如，对于给定的唯一数据实体，存在两个或多个相同的元组）。

对于数据值冲突的检测与处理，由于表示、尺度等不同，造成了同一实体不同源数据的差异化表征。

（3）数据变换

数据变换使得数据挖掘过程可能更有效，挖掘的模式可能更容易理解，是数据预处理过程常用到的方式。变换策略通常包括平滑、聚集、数据泛化、规范化、离散化及属性构造等。在这一过程中，许多数据清理技术也用于数据变换。例如数据光滑（去掉数据中的噪音，包括分箱、聚类和回归）、数据聚集（汇总数据，通常用来为多个抽象层的数据分析构造数据立方体）、数据泛化（从相对低层概念到更高层概念且对数据库中与任务相关的大量数据进行抽象概述的一个分析过程）、数据规范化（把属性数据按比例缩放，使之落入一个特定的小区间，如 0 到 1，弱化数量级影响）、数据离散化（数值属性的原始值用区间标签或概念标签替代，包括分箱、直方图分析、聚类、决策树等技术）、属性构造（由给定的属性构造新的属性并添加到属性集中，以帮助挖掘过程）。

（4）数据归约

当面临大型数据库中的海量数据时，要分析这些数据是个很庞大的工程，如果对所有数据进行分析和挖掘，将要耗费很长的时间。数据归约技术可以用来得到数据集的归约表示，它比原始数据集合小得多，但仍接近保持原数据的完整性。也就是说，在归约后的数据集上挖掘将更有效，仍然产生相同（或几乎相同）的分析结果。实现数据归约的策略包括维归约、数量规约和数据压缩。

维归约减少所考虑的随机变量或属性的个数。维归约方法包括小波变换和主成分分析，它们把原数据变换或投影到较小的空间。属性子集选择是一种维归约方法，其中不相关、弱相关或冗余的属性或维被检测和删除。

数量规约用替代的、较小的数据表示形式替换原数据。这些技术可以是参数的或非参数的。对于参数方法而言，使用模型估计数据，使得一般只需要存放模型参数，而不是实际数据（离群点可能也要存放）。回归和对数—线性模型就是例子。存放数据规约表示的非参数方法包括直方图、聚类、抽样和数据立方体聚集。

数据压缩使用变换，以便得到原数据的规约或"压缩"表示。如果原数据能够从压缩后的数据重构，而不损失信息，则该数据规约称为无损的。如果只能近似重构原数据，则该数据规约称为有损的。

2.2 数据信息特征学习理论

2.2.1 信息熵理论

熵是衡量系统无序或混乱程度的一个量度。熵起源于经典热力学，是一个极其重要的物理量，但又以其抽象隐晦、难以理解而著称。多年来，经过诸多学者的不懈钻研，熵已经成为一个在自然科学、工程技术、社会科学和人文科学中得到广泛采用的概念。

信息是事物运动状态或存在方式的不确定性的描述，也就是关于事物运动的千差万别的状态和方式的知识。这个概念与统计物理学有着密切的联系。基于此，信息论之父克劳德·艾尔伍德·香农在1948年发表的论文"通信的数学理论"指出[127]，任何信息都存在冗余，冗余大小与信息中每个符号（数字、字母或单词）的出现概率或者说不确定性有关。香农借鉴了热力学的概念，把信息中排除了冗余后的平均信息量称为"信息熵"。根据香农信息熵理论可知，变量的不确定性越大，熵也就越大，把它搞清楚所需要的信息量也就越大。从此，信息熵理论得到了广泛应用和研究[128-130]，也成为一种对时间序列特性分析的重要理论。

信息的价值是关于概率的函数，它具有以下三个特征：第一，两个事件的信息价值比单个事件的价值高；第二，如果两个事件相互独立，两个事件的信息价值等于单个事件信息价值之和；第三，任何事件都赋有信息价值。符合上述特征的函数式是唯一的，即$H(P) = -\log P$。该公式表示事件的不确定水平，也是指信源发出某一信息所含的信息量，其满足以下条件[131]：

①$H(P)$是概率P的单调递减函数。

②当$P=1$时，$H(P)=0$，说明所有人都知道的信息价值为0。

③当$P=0$时，$H(P)=\infty$，说明私有信息的信息价值非常高。

但是$H(P)$是一个随机变量，不能用它来作为整个事件的信息量测度。要描述一个离散随机变量构成的离散信号源，就是规定随机变量X的取值集合$A=[a_i，i=1，2，\cdots，q]$及其概率测度$p_i=P[X=a_i]$，则：

$$[A, p_i] = \begin{pmatrix} a_1, & a_2, & \cdots, & a_q \\ p_1, & p_2, & \cdots, & p_q \end{pmatrix} \sum_{i=1}^{q} p_i = 1 \qquad (2-1)$$

最简单的单符号信源仅取 0 和 1 两个元素，即二元信源，其概率为 P 和 $H = -P \log P - (1-P) \log (1-P)$，该信源的熵即如图 2-3 所示。值得注意的是，对连续信源，香农给出了形式上类似于离散信源的连续熵 HC[127]。

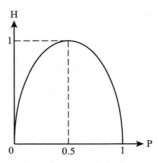

图 2-3　二元信源熵示意图

由图 2-3 可知，离散信源的信息熵具有：①非负性，即收到一个信源符号所获得的信息量应为正值，$H \geqslant 0$；②对称性，即对称于 $P = 0.5$；③确定性，即 $P = 0$ 或 $P = 1$ 已是确定状态，所得信息量为 0；④极值性，即 $P = 0.5$ 时，H 最大，且 H 是 P 的上凸函数。

虽然连续熵 HC 仍具有可加性，但不具有信息的非负性，已不同于离散信源。HC 不代表连续信源的信息量。连续信源取值无限，信息量是无限大，而 HC 是一个有限的相对值，又称相对熵。但是，在取两熵的差值为互信息时，它仍具有非负性。这与力学中势能的定义相仿。

信息熵是信源的不确定的描述。一般情况下，它并不等于获得的信息量。只有在无噪音情况下，才能正确无误地接收到信源所发出的信息，全部消除 H 大小的不确定性，所获得的信息量就等于 H。所以，可以获得的信息量 R = H(x) − Hy(x)，其中 Hy(x) 表示信息不对称的程度，即其量化标准。当 x 和 y 相互独立时，Hy(x) = H(x)，则 R = 0，两个独立的实体之间不能传递任何信息。所以，获得信息的多少取决于它与信源之间的相关性。相关性越高，被相互传送的信息就越多。然而不同的人对同一信息所持的观点和所做出的反映是不同的，这是因为他们对同一信息有着不同的知识背景。

信息熵的计算是非常复杂的。而具有多重前置条件的信息，更是几乎不能计算的。所以在现实世界中信息的价值大多是不能被计算出来的。但因为信息熵和热力学熵的紧密相关性，所以信息熵是可以在衰减的过程中被测定出来，信息的价值通过信息的传递被体现出来。在没有引入附加价值（负熵）的情况下，传播得越广、流传时间越长的信息越有价值。

2.2.2 混沌理论

1963 年美国气象学家爱德华·诺顿·洛伦茨提出混沌理论，它是关于非线性系统在一定参数条件下展现分岔、周期运动与非周期运动相互纠缠，以至于通向某种非周期有序运动的理论[132]。混沌理论是一种兼具质性思考与量化分析的方法，用以探讨动态系统中无法用单一的数据关系，而必须用整体、连续的数据关系才能加以解释及预测的行为。一切事物的原始状态，都是一堆看似毫无关联的碎片，但是这种混沌状态结束后，这些无机的碎片会有机地汇集成一个整体。

在耗散系统和保守系统中，混沌运动有不同表现，前者有吸引子，后者无（也称含混吸引子）。从 20 世纪 80 年代中期到 20 世纪末，混沌理论迅速吸引了数学、物理、工程、生态学、经济学、气象学、情报学等诸多领域学者的关注，引发了全球混沌热。用以探讨动态系统中（如人口移动、化学反应、气象变化、社会行为等）无法用单一的数据关系，而必须用整体、连续的数据关系才能加以解释及预测的行为。

混沌理论中几个主要物理量定义如下[133]。

（1）混沌

一般认为，将不是由随机性外因引起的，而是由确定性方程（内因）直接得到的具有随机性的运动状态称为混沌。

（2）相空间

在连续动力系统中，用一组一阶微分方程描述运动，以状态变量（或状态向量）为坐标轴的空间构成系统的相空间。系统的一个状态用相空间的一个点表示，通过该点有唯一的一条积分曲线。

（3）混沌运动

是确定性系统中局限于有限相空间的高度不稳定的运动。所谓轨道高度不稳定，是指近邻的轨道随时间的发展会指数地分离。由于这种不稳定性，系统的长时间行为会显示出某种混乱性。

（4）分形和分维

分形是 n 维空间一个点集的一种几何性质，该点集具有无限精细的结构，在任何尺度下都有自相似部分和整体相似性质，具有小于所在空间维数 n 的非整数维数。分维就是用非整数维——分数维来定量地描述分形的基本性质。

（5）不动点

又称平衡点、定态。不动点是系统状态变量所取的一组值，对于这些值系统不随时间变化。在连续动力学系统中，相空间中有一个点 x_0，若满足当 $t \to \infty$ 时，轨迹 $x(t) \to x_0$，则称 x_0 为不动点。

（6）吸引子

指相空间的这样的一个点集 s（或一个子空间），对 s 邻域的几乎任意一点，当 t→∞ 时所有轨迹线均趋于 s，吸引子是稳定的不动点。

（7）奇异吸引子

又称混沌吸引子，指相空间中具有分数维的吸引子的集合。该吸引集由永不重复自身的一系列点组成，并且无论如何也不表现出任何周期性。混沌轨道就运行在该吸引集中。

根据混沌理论，混沌运动具有以下特性。

（1）随机性

体系处于混沌状态是由体系内部动力学随机性产生的不规则性行为，常称之为内随机性。例如，在一维非线性映射中，即使描述系统演化行为的数学模型中不包含任何外加的随机项，即使控制参数、初始值都是确定的，而系统在混沌区的行为仍表现为随机性。这种随机性自发地产生于系统内部，与外随机性有完全不同的来源与机制，显然是确定性系统内部一种内在随机性和机制作用。体系内的局部不稳定是内随机性的特点，也是对初值敏感性的原因所在。

（2）敏感性

系统的混沌运动，无论是离散的或连续的，低维的或高维的，保守的或耗散的，时间演化的还是空间分布的，均具有一个基本特征，即系统的运动轨道对初值有极度敏感性。这种敏感性，一方面反映在非线性动力学系统内，随机性系统运动趋势的强烈影响；另一方面也将导致系统长期时间行为的不可预测性。

（3）分维性

混沌具有分维性质，是指系统运动轨道在相空间的几何形态可以用分维来描述。例如描述大气混沌的洛伦兹模型的分维数是 2.06 体系的混沌运动在相空间无穷缠绕、折叠和扭结，构成具有无穷层次的自相似结构。

（4）普适性

当系统趋于混沌时，所表现出来的特征具有普适意义。其特征不因具体系统的不同和系统运动方程的差异而变化。这类系统都与费根鲍姆常数相联系。

（5）标度律

混沌现象是一种无周期性的有序态，具有无穷层次的自相似结构，存在无标度区域。只要数值计算的精度或实验的分辨率足够高，则可以从中发现小尺寸混沌的有序运动花样，所以具有标度律性质。例如，在倍周期分岔过程中，混沌吸引子的无穷嵌套相似结构，从层次关系上看，具有结构的自相似，具备标度变换下的结构不变性，从而表现出有序性。

混沌的发现揭示了我们对规律与由此产生的行为之间（因果关系）的一个基本性的错误认识。我们过去认为，确定性的原因必定产生规则的结果，但其实它们可以产生易被误解为随机性的极不规则的结果。我们过去认为，简单的原因必定产生简单的结果（复杂的结果必然有复杂的原因），但事实是简单的原因也可以产生复杂的结果。我们认识到，知道这些规律不等于能够预言未来的行为。基于这一思想，许多研究者将混沌理论用于时间序列特性分析[134,135]。

2.2.3　数据融合理论

数据融合的概念虽始于 20 世纪 70 年代初期，但真正的技术进步和发展是 80 年代的事，尤其是近几年引起了世界范围内的普遍关注，是许多传统学科和新兴工程领域相结合而产生的一个新的前沿技术领域。数据融合技术包括对各种信息源给出的有用信息的采集、传输、综合、过滤、相关及合成，以便辅助人们进行态势或环境判定、规划、探测、验证、诊断、预测等。这对及时准确地获取各种有用的信息，对各种指标信息重要程度进行适时的完整评价，实施决策控制有极其重要的作用。

数据融合工作原理[136]：数据融合中心对来自多个传感器的信息进行融合，也可以将来自多个传感器的信息和人机界面的观测事实进行信息融合（这种融合通常是决策级融合）。提取征兆信息，在推理机作用下，将征兆与知识库中的知识匹配，做出故障诊断决策，提供给用户。在基于信息融合的故障诊断系统中可以加入自学习模块。故障决策经自学习模块反馈给知识库，并对相应的置信度因子进行修改，更新知识库。同时，自学习模块能根据知识库中的知识和用户对系统提问的动态应答进行推理，以获得新知识、总结新经验，不断扩充知识库，实现专家系统的自学习功能。

根据融合层次不同，数据融合技术可分为数据层融合、特征层融合和决策层融合。

（1）数据层融合

直接在采集到的原始数据层上进行的融合，在各种传感器的原始测报未经预处理之前就进行数据的综合与分析。数据层融合一般采用集中式融合体系进行融合处理过程。这是低层次的融合。

（2）特征层融合

这是中间层次的融合。它先对来自传感器的原始信息进行特征提取，然后对特征信息进行综合分析和处理。特征层融合的优点在于实现了可观的信息压缩，有利于实时处理，并且由于所提取的特征直接与决策分析有关，因而融合结果能最大限度地给出决策分析所需要的特征信息。特征层融合一般采用分布式或集中式的融合体系。特征层融合可分为两大类：一类是目标状态融合；另一类是目标特性融合。

（3）决策层融合

通过不同类型的传感器观测同一个目标，每个传感器在本地完成基本的处理，其中包括预处理、特征抽取、识别或判决，以建立对所观察目标的初步结论。然后通过关联处理进行决策层融合判决，并最终获得联合推断结果。这是最高层次的融合。

数据融合的常用方法基本上可概括为随机和人工智能两大类，随机类方法有加权平均法、卡尔曼滤波法、贝叶斯估计法、Dempster – Shafer证据推理（D－S）、产生式规则等；而人工智能类则有模糊逻辑理论、神经网络、粗糙集理论、专家系统等。

卡尔曼滤波法：主要用于融合低层次实时动态数据。该方法用测量模型的统计特性递推，决定统计意义下的最优融合和数据估计。如果系统具有线性动力学模型，且系统与传感器的误差符合高斯白噪声模型，则卡尔曼滤波将为融合数据提供唯一统计意义下的最优估计。卡尔曼滤波的递推特性使系统处理不需要大量的数据存储和计算。但是，采用单一的卡尔曼滤波器对多传感器组合系统进行数据统计时，存在很多严重的问题。例如，在组合信息大量冗余的情况下，计算量将以滤波器维数的三次方剧增，实时性不能满足。

贝叶斯估计法：是融合静态环境中高层信息的常用方法。它使传感器信息依据概率原则进行组合，测量不确定性以条件概率表示，当传感器组的观测坐标一致时，可以直接对传感器的数据进行融合，但大多数情况下，传感器测量数据要以间接方式采用贝叶斯估计进行数据融合。多贝叶斯估计将每一个传感器作为一个贝叶斯估计，将各个单独物体的关联概率分布合成一个联合的后验的概率分布函数，通过使用联合分布函数的似然函数为最小，提供多传感器信息的最终融合值，融合信息与环境的一个先验模型提供整个环境的一个特征描述。

D－S证据推理方法：是贝叶斯推理的扩充，其有3个基本要点——基本概率赋值函数、信任函数和似然函数。D－S方法的推理结构自上而下分三级：第一级为目标合成，其作用是把来自独立传感器的观测结果合成为一个总的输出结果；第二级为推断，其作用是获得传感器的观测结果并进行推断，将传感器观测结果扩展成目标报告；第三级为更新，各种传感器一般都存在随机误差，所以在时间上充分独立地来自同一传感器的一组连续报告比任何单一报告可靠。

模糊逻辑推理：通过指定一个 0 ~ 1 之间的实数表示真实度，相当于隐含算子的前提，允许将多个传感器信息融合过程中的不确定性直接表示在推理过程中。如果采用某种系统化的方法对融合过程中的不确定性进行推理建模，则可以产生一致性模糊推理。与概率统计方法相比，逻辑推理存在许多优点，它在一定程度上克服了概率论所面临的问题，它对信息的表示和处理更加接近人类的思维方式，它一般比较适合于在高层次上的应用（如决策）。但是，逻辑推理本身还不够成熟和系统化。此外，由于逻辑推理对信息的描述存在很大的主观因素，因此信息的表示和处理缺乏客观性。模糊集合理论对于数据融合的实际价值在于它外延到模糊逻辑，模糊逻辑是一种多值逻辑，隶属度可视为一个数据真值的不精确表示。

在水文时间序列研究中，数据融合技术得到了广泛应用。基于概率论的融合技术[137,138]，在已知先验概率条件下，按照贝叶斯准则融合处于同一概率区间范围的水文事件信息。针对非精确表达的多源异构信息，一般采用模糊理论[139]对其进行数据融合处理。此方法的优势在于可依据需求自由选择建模的宽松尺度，并能够实现非精确表达的多源异构信息的自适应融合处理。推理网络[140,141]针对不确定或不精准信息建模，通过推理实现数据融合。基于认知结构的推理网络具有贝叶斯网络和证据推理的双重特点，利用信任函数和似真函数之间的范围包容不确定信息的范围，用最值来表示不确定信息的最可能取值。粗糙集理论[142,143]是另一种处理不精确、不一致、不完整等各种不完备信息的有效工具，与基于概率论、模糊理论和证据推理理论等方法相比，最显著的区别是它不需要提供问题所需处理的数据集合之外的任何先验知识，而且与处理其他不确定性问题的理论有很强的互补性。通常使用的方法依具体的应用而定，并且由于各种方法之间的互补性，实际上常将 2 种或 2 种以上的方法组合进行数据融合[144]。

2.2.4　分形理论

分形理论是由美籍数学家本华·曼德博于 1967 年首次提出的[145]，并迅速发展为活跃的新理论、新学科。分形理论的最基本特点是用分数维度的视角和数学方法描述和研究客观事物，也就是用分形、分维的数学工具来描述研究客观事物。它跳出了一维的线、二维的面、三维的立体乃至四维时空的传统思维，更加趋近复杂系统的真实属性与状态的描述，更加符合客观事物的多样性与复杂性。

自相似原则是分形理论的重要原则[146]。它认定在一定的条件下，事物的局部在某些方面（形态、结构、功能、信息等）表现出与整体的相似性，而事物复杂的状态背后有着某种简单的数理规则在支配。这种自相似性是局部与整体之间具有某种统计学上的意义，可能是形态或者功能等，但是它们又不完全相同，当适当地放大（局部）或者缩小（整体），总体的结构不变。它表征分形在通常的几何变换下具有不变性，即标度无关性。自相似性是从不同尺度的对称出发，也就意味着递归。分形形体中的自相似性可以是完全相同，也可以是统计意义上的相似。标准的自相似分形是数学上的抽象，迭代生成无限精细的结构。这种有规分形只是少数，绝大部分分形是统计意义上的无规分形。一般的，根据自相似性的程度，分形可以分为有规分形和无规分形，有规分形是指具体有严格的自相似性，即可以通过简单的数学模型来描述其相似性的分形；无规分形是指具有统计学意义上的自相似性的分形。

分维，又称分形维或分数维，作为分形的定量表征和基本参数，是分形理论的又一重要原则[146]。长期以来人们习惯于将点定义为零维，直线为一维，平面为二维，空间为三维，爱因斯坦在相对论中引入时间维，就形成四维时空。对某一问题给予多方面的考虑，可建立高维空间，但都是整数维。在数学上，把欧氏空间的几何对象连续地拉伸、压缩、扭曲，维数也不变，这就是拓扑维数。然而，这种传统的维数观受到了挑战。分形维数是描述分形的重要参数，能够反映分形的基本特征，但由于侧重面不同，会有多种定义和计算方法。常见的有相似维数、豪斯道夫维数、信息维数等，它们有各自不同的应用。以下介绍几种常见的定义。

①相似维数 Ds。一般来说，如果某图形是由把原图缩小为 1/r 的相似的 N 个图形组成，则 Ds = logN/logr 的关系成立，则指数 D 称为相似维数，D 可以是整数，也可以是分数。相似维数，通常被定义为具有严格自相似性的维数。这一定义和计算方式在混沌理论中同样适用。

②豪斯道夫维数 D_H。设一个整体 S 划分为 N 个大小和形态完全相同的小图形，每一个小图形的线度是原图形的 r 倍，则豪斯道夫维数为：

$$D_H = \lim_{r \to 0} \frac{\log N(r)}{\log(1/r)} \qquad (2-2)$$

③信息维数 D_i。将空间作等分分割，然后根据进入这些子空间中点的概率来定义的维数，称为信息维数。若考虑在豪斯道夫维数中每个覆盖 S 中所含分形集元素的多少，并设 P_i 表示分形集的元素属于覆盖 S 中的概率，则信息维数为：

$$D_i = \lim_{\varepsilon \to 0} \frac{\sum_{i=1}^{N} P_i \log P_i}{\log \varepsilon} \qquad (2-3)$$

在等概率的情况下，信息维数等于豪斯道夫维数。

分形理论及其分形方法论的提出有着极其重要的科学方法论意义。它打破了整体与部分、混乱与规则、有序与无序、简单与复杂、有限与无限、连续与间断之间的隔膜，找到了它们之间相互过渡的媒介和桥梁（即部分和整体之间的相似性），为人们从混沌与无序中认识规律和有序、从部分中认知整体和从整体中认识部分，从有限中认识无限和通过无限深化和认识有限等提供了可能和根据；它同系统论、自组织理论、混沌理论等研究复杂性的科学理论一起，共同揭示了整体与部分、混沌与规则、有序与无序、简单与复杂、有限与无限、连续与间隔之间多层面、多视角、多维度的联系方式，使人们对它们之间关系认识的思维方式由线性阶段进展到了非线性阶段。

分形理论自从它诞生那一天开始就和应用研究密不可分，如今已经被广泛运用到自然和社会科学的各个领域，包括物理、化学、工程设计、生物医药、水文地理、经济管理、建筑园林设计等[147-150]。

2.3　模型选择问题

城市供水是一个集规律性和不确定性为一体的系统，因此预测模型的成功构建必须将确定的趋势、周期和不确定的干扰区别对待。如表 1-2 所示，不同模型对不同时间序列性质有不同的学习能力，所以模型的合理选择是非常有必要的。在模型选择之前，需要对供水量时间序列的特性进行充分分析，应考虑以下几个问题。

①供水量随季节、星期及天周期性波动的特点。

②供水量自然增长的年际规律。

③区别对待节假日期间的供水量变化规律与平时供水，可建立专

门拥有预测节假日期间需水量的模型。

④未来供水量趋势与就近历史时间序列关联度更大，建立模型的输入—输出结构应考虑"近大远小"的潜在规律。

⑤当生产变化、政策变化、停水故障、维修检修等偶然因素出现时，模型应当能进行异常情况下的人工干预与处理。

基于以上建模应考虑的问题，并结合表 1-2 预测模型分类汇总的结果，笔者对以下模型的选择问题进行简要分析，仅供读者参考。

（1）回归分析法

由第 1 章可知，回归分析法是揭示自变量（供水影响因素）和应变量（供水量）之间关系的定量模型，所以其建模要关注以下三点。

第一，自变量的选择。引入适当的、准确的自变量可以提高回归分析的精度，如果过多加入自变量，一方面会增加模型计算复杂度；另一方面会加入过度干扰（相关度不高或不可靠自变量导致），导致模型精度降低，预测结果呈现较大偏差。

第二，数据的采集。回归分析中选择的影响因素较多，与预测目标相关的信息部门较繁多，一方面数据收集难度大；另一方面目前各部门之间的信息沟通水平较低而导致数据质量偏低（冗余、不一致等现象严重）。这样的数据库在训练模型过程中就造就了预测精度不高，更加无法保证预测精度。

第三，拟合函数的假定。回归分析的结果实质上是个数学表达函数，一般都是线型结构，对于自变量和因变量的关系假设直接影响预测结果的合理性。

所以，考虑到以上三点，回归分析法在预测过程中面临以下三个技术问题。

第一，需要开发高效的自变量选择（或特征提取）方法，从而强化自变量选择能力；同时，回归分析要求分析者对研究对象或体系有深刻的知识背景，而不是单纯依靠数据去建模，所以基于知识判断和数据挖掘的自变量选择方法是亟待需要解决的技术难题。

第二，回归分析法预测成本较高，除了数据收集，数据预处理工作量也比较大，且对预处理方法要求较高，以达到建模对数据的质量要求。

第三，如何建立较为准确的自变量与因变量之间的关系式是回归分析法面临的历史问题。实际供水量系统是一个非线性、开放的系统，其演变规律较为复杂，不是通过简单的统计学方式分析数据分布规律就能解决的。

从理论上来说，回归分析外推效果较好，比较适合预测城市年供水量预测，从而指导市政供水设施规划、建设和管理工作。同时，在供水量变化不大的情况下，也可使用回归分析法。

（2）时间序列模型（ARIMA）

时间序列法是在数据平稳的前提下开展建模的，所以其具有以下特点。

一是由于数据平滑作用，一旦出现异常值，模型无法进行识别，建模失真，预测精度难以保证。

二是建模的平均过程限制了预测时长，一旦建模步长太大，同样导致建模失真，同理，预测周期也不能太长（平均运算所决定）。

三是时间序列建模是对供水量自身变化的模拟（内因），一旦外因发生剧烈变化，会严重影响内因的发展趋势，从而影响建模和预测精度。

四是对周期、趋势特性比较敏感，提取较为精确。

五是模型本身参数识别具有较大的主观性，所以同样的时间序列可能呈现出不同的模型结构。

所以，时间序列模型适合对具有明显用水周期的短期供水量进行建模预测，例如时用水量（早晚均有峰值）、日用水量、月用水量。但是要注意，一旦外在环境发生剧烈转变，那么时间序列内在结构将被破坏，预测步长必须进行调整，加入动态指标以提高预测精度。

（3）灰色预测模型

灰色理论是介于白色机理模型与黑色机器学习的新型理论，构成了目前白—灰—黑的预测框架和思路。它直接通过对供水历史数据的累加生成寻找系统的整体规律，建立模型。其选择依据为：

第一，基于灰色概念，建模数据既具有确定性，又含有不确定性，所以根据不同的供水量时间序列特性，理论上可预测任何尺度的供水量（由于小时数据较长，一般不推荐使用，无法显示其优势）。

第二，灰色建模的出现，就是为了解决数据缺失的问题。所以，在数据样本量较少的情况下，灰色模型是首要选择，这也是所有方法中建模唯一不受数据样本限制的方法（理论上，4个数据即可建模）。

第三，灰色模型的实质是反映城市需水量的一种发展趋势，其预测效果在很大程度上取决于历史用水数据的特点。若历史数据序列较长，由于城市需水量受诸多因素的影响，随着时间的推移，各因素不断发生变化，使得历史用水数据在某些时期表现出较强的波动性，不宜采用灰色模型。对于这种情况，由于真正有实际意义的数据才能反映出需水量的趋势性，因此可以根据"近大远小"的原则，选择有效的数据作为样本数据，建立灰色模型。

第四，与时间序列建模方法一样，灰色模型的外推效果较好，但是一旦外在环境发生重大变化时，将给模型带来很大误差，所以灰色预测周期也不宜太长。已有成果利用残差序列来修正预测结果，尽可能保证在一定周期内的预测精度。

第五，一般的，年度供水量灰色预测效果最佳，其更多用于市政供水规划应用中。

（4）人工神经网络模型

人工神经网络是在大量的历史时间数据训练的基础上，建立输入与输出之间的映射关系，然后根据学习到的特性从而预测未来供水量演变。与其他方法相比，其具有明显的优越性：

第一，与回归分析相比，人工神经网络不需要去假设自变量（输入）与应变量（输出）之间的关系，或构造一个经验数学公式，能够可以更加客观地去模拟供水量时间序列的变化；利用计算机技术，人工神经网络可实现非专业人员对供水量进行科学预测，技术可普及性强。

第二，人工神经网络是模拟人脑学习能力对客观存在进行描述，所以摆脱了传统线型模型的约束，而是自我去学习，非常适合非线性系统的预测。

第三，人工神经网络具有很强的信息综合能力、很好的容错性，它能恰当地协调好历史水数据，同时能够实现在线误差修正，削弱了外在环境对时间序列预测的影响。

第四，理论上，输入为什么类型供水量信息（时、日、月、年），输出就是什么类型供水量。但是对于年供水量预测，要面临一个问题，即数据样本数量。为了保证预测精度，必须保证足够的样本量，而我国这种市政供水信息化水平较低，无法提供较长的年供水信息，所以不适合采用此模型。

（5）组合预测模型

城市供水量预测问题是城市市政供水系统管理的基础，其为后续的供水调度和决策提供了数据支持。根据上述对各模型的特点及面临的技术问题分析可知，在实际预测工作中，应首先考虑供水量时间序列的特性，然后在综合考虑各模型的适用性，最后选择一种或几种模型进行集成预测，将各模型优点有机地结合起来，实现正确高效地利用模型的目的。

2.4　性能评估指标

预测工作结束后，需要对预测结果进行评估，从而验证模型的有效性和精确性。目前，对于预测建模性能评估指标主要集中于统计学中的误差分析，包括平均绝对误差、相对误差、均方误差、均方根误差等。在实际评估工作中，一般选择 2~4 个不同类别的指标来进行个体误差和全局误差分析。本书将采用平均绝对误差（MAE）、平均绝对百分比误差（MAPE）、标准均方根误差（NRMSE）和相关系数（R）对模型预测结果进行分析。指标描述和计算详见第 4 章。

第 3 章

供水量时间序列的可预测性分析

不同的供水量时间序列具有不同的特性，包括共性和个体差异性。只有抓住这些特性，才能较为准确地描述时间序列的变化规律，从而预测未来某一阶段的发展。在这些特性中，首先需要确定所研究的时间序列是否具有可预测性（共性），若为可预测序列，则对其全局和局部特性分别进行特性描述和研究（个体差异性），从而通过特性分析结果来选择合适的预测模型，提高模型预测的准确性。

供水量时间序列的可预测性分析是进行预测的基础。要对供水量进行预测，首先要确定供水量时间序列的性质，是确定性的，还是随机性的。若供水量时间序列是随机性的，那么供水量只能用概率论来描述，而对其预测是无意义的；若供水量时间序列是确定的，那么需要进一步验证序列是表现出周期/准周期性，还是具有混沌特性。因为不同的时序特性决定了预测模型的结构，若时间序列具有周期/准周期特性，线性、非线性或两者结合模型均可得出较优的预测结果；若时间序列表现出混沌性，那说明此序列中肯定存在非线性，在这种情况下，一个低阶的非线性模型或许比一个高阶次的线性模型更能对该非线性系统做出恰当的分析和预测[151]。

由于受研究技术、方法论等限制，研究者们在相当长一段时间里都是使用传统的方法和技术（随机性方法、确定性方法或二者结合的方法）来描述城市供水系统，揭示出城市供水系统的随机性规律、确定性规律或综合规律。供水系统是一个人为参与的开放性复杂系统，同时具有时变特性，而混沌理论的提出，为分析供水系统特性提供了新方法。混沌理论认为[152]，一种更为普遍的运动形式（混沌运动，一种对初始条件具有敏感依赖性且永不重复的非周期运动）均存在于客观事物的变化发展过程中，这是由系统的确定性所决定的。混沌理论的提出扩充了系统分析方法领域（不仅仅只是传统分析中的随机性判断或确定性判断），建立起了混沌分析法，进一步丰富了供水量预测研究的内容。研究表明[121,152,153]，城市小时供水量观测系统中存在有混沌成分，但对日、月、季度、年供水量的混沌特性鲜有研究。此类研究首先需要对时间序列的变化特性进行判断，辨识供水量时间序列是否具有混沌特征，然后对其序列进行相空间重构，并用混沌分析法来描述和辨识重构后相空间的系统运动规律，最后再对供水量作混沌时间序列预测的研究。所以，重建供水系统相空间，并进行时间序列的混沌性质识别将是本章讨论的重点。

本章首先介绍了相空间重构理论及技术和时间序列混沌特征辨识方法，并将其应用于不同规模水厂的日（月）供水量时间序列，然后通过定性方法（功率谱分析）和定量方法［最大李雅普诺夫（Lyapunov 指数）］来分析各水厂日（月）供水量时间序列的混沌特性，以确定供水量时间序列是否可预测。

3.1　相空间重构

混沌理论的研究和讨论都是基于系统相空间的基础之上的，因此在对系统进行混沌辨识之前，首先应当对系统进行相空间重构。由于实际系统的一维时间序列所反映出的有效信息是有限的，导致从一维时间序列难以认识到系统的复杂性和全面性。为了充分表达系统有效信息，对于单变量（一维）时间序列，塔肯斯[154]和帕卡德[155]等人提出了一种重构相空间的方法。该方法是基于以下想法提出的：一个系统状态可由与之相关的多个分量来描述，而组成系统的任一分量的变化发展是由其他相互作用的系统分量来确定的。换句话说，这些相关分量的信息就隐含在任一分量的发展变化过程中。因此只需研究系统中的一个分量，对某些特定时间延迟点上的观测值作为新输入维来处理，就可以重构出一个等价的相空间，并在这个相空间中展现出原有系统的动力学特征。

帕卡德重构空间方法[155]：

对于供水量时间序列 $\mathbf{x} = (x(t)$，$t = 1$，2，$\cdots$，$n)$，一维时间序列演化为 m 维相空间的一个相型分布为：

$$
\mathbf{X} = \begin{bmatrix} \mathbf{X}(1) \\ \mathbf{X}(2) \\ \vdots \\ \mathbf{X}(t) \\ \vdots \\ \mathbf{X}[n-(m-1)\tau] \end{bmatrix}
$$

$$
= \begin{bmatrix} x(1)，x(1+\tau)，x(1+2\tau)，\cdots，x[1+(m-1)\tau] \\ x(2)，x(2+\tau)，x(2+2\tau)，\cdots，x[2+(m-1)\tau] \\ \vdots \\ x(t)，x(t+\tau)，x(t+2\tau)，\cdots，x[t+(m-1)\tau] \\ \vdots \\ x[n-(m-1)\tau]，x[n-(m-2)\tau]，\cdots，x(n) \end{bmatrix}
$$

$$(3-1)$$

式（3－1）中 m 为嵌入维数，τ 为延迟时间。

塔肯斯定理[154]：设 M 为 d 维流形，φ 是一个光滑的微分同胚（M→M），y 有二阶连续导数（M→R），则 $\phi(\varphi, y) = [y(x), y(\varphi(x)), y[\varphi^2(x)], \cdots, y[\varphi^{2d+1}(x)]]$ 称为 M→R^{2d+1} 的一个嵌入量。

根据塔肯斯定理[154]，d 维吸引子（嵌入维空间活动规律的轨迹）能够嵌入到 m≥2d+1 维相空间时，重构的相空间结构具有与原系统相同的几何图形性质与发展信息性质，且与重构过程的具体细节无关。由此可见，塔肯斯定理确保了将一维混沌时间序列重构为一个与其原系统在拓扑意义下的等价相空间，进而可以掌握混沌时间序列的性质与变化规律。

根据式（3－1）可知，相空间重构技术有两个关键参数，即嵌入维数 m 和延迟时间 τ。若系统处于理想状态下（无限长和无噪声的一维时间序列），嵌入维数 m 和时间延迟 τ 可以取任意值；但实际应用中的时间序列均是有限长度的、含噪声的，嵌入维数 m 和时间延迟 τ 的合理取值就极大地影响了重构相空间的质量。

3.1.1　延迟时间

如果延迟时间 τ 取值太小，那么在相空间中各向量的分量间几乎不包括新信息，从而会低估关联维数。相反，如果延迟时间 τ 取值太大，相空间重构的相关有效信息会遗漏，这样会高估关联维数[156]。只有在最小的嵌入相空间内能够对相邻轨道实现最优分离的延迟时间 τ 才是重构相空间的最佳延迟时间。

目前，确定延迟时间的方法很多，其中由于计算简单，自相关函数法使用最为广泛，而弗雷泽和斯温尼[157]认为自相关函数法对非线性系统的分析可能并不适合，因为自相关法测量的是连续的时间序列之间的线性依托关系，所以建议选用互信息法来确定延迟时间。本节将对这两种方法进行分别介绍。

（1）自相关函数法

对于供水量时间序列 $\mathbf{x} = (x(t)，t=1，2，\cdots，n)$，自相关函数法的表达式为：

$$A_\tau = \frac{\sum_{t=1}^{n}\left[x(t)-\bar{x}\right]\left[x(t+\tau)-\bar{x}\right]}{\sum_{t=1}^{n}\left[x(t)-\bar{x}\right]^2} \qquad (3-2)$$

式（3-2）中 $\bar{x}$ 为均值，A_τ 为延迟 τ 时的自相关数值。确定最佳延迟时间的方法有两种：A_τ 第一次过零点时所对应的 τ；当延迟时间很大时 A_τ 才趋向于零的情况，最佳延迟时间可取 A_τ 第一次小于 $1/e$ 时所对应的 $\tau^{[158,159]}$。

自相关函数法具有运算简单，要求的资料数量不大，选值原则明确等优点，但它仅能提取时间序列间的线性相关性，这对于分析非线性起关键作用的混沌系统而言是不全面的。

（2）互信息法

互信息法以香农信息熵[127]为理论基础，计算两个变量的相关性，同时度量两个变量的整体依赖性。对于供水量时间序列 $\mathbf{x} = (x(t)，t=1，2，\cdots，n)$ 来说，这里需要求解的是向量 $\mathbf{x}_k = (x(k)，k=1，2，\cdots，n-\tau)$ 和延迟 τ 的向量 $\mathbf{x}_{k+\tau}$ 的互信息，求解式如下：

$$\begin{aligned}I(\tau) &= H(\mathbf{x}_k) + H(\mathbf{x}_{k+\tau}) - H(\mathbf{x}_i，\mathbf{x}_{k+\tau})\\&= -\sum_{k=1}^{n-\tau}P(\mathbf{x}_k)\ln P(\mathbf{x}_k) - \sum_{k=1}^{n-\tau}P(\mathbf{x}_{k+\tau})\ln P(\mathbf{x}_{k+\tau})\\&\quad + \sum_{k=1}^{n-\tau}P(\mathbf{x}_k，\mathbf{x}_{k+\tau})\ln P(\mathbf{x}_k，\mathbf{x}_{k+\tau})\end{aligned} \qquad (3-3)$$

式（3-3）中 $H(\mathbf{x}_k)$ 和 $H(\mathbf{x}_{k+\tau})$ 分别为向量 $\mathbf{x}_k$ 和向量 $\mathbf{x}_{k+\tau}$ 的信息熵，$H(\mathbf{x}_k，\mathbf{x}_{k+\tau})$ 代表向量 $\mathbf{x}_k$ 和向量 $\mathbf{x}_{k+\tau}$ 的联合信息熵，$P(\mathbf{x}_k)$

和 $P(\mathbf{x}_{k+\tau})$ 分别为向量 $\mathbf{x}_k$ 和向量 $\mathbf{x}_{k+\tau}$ 的概率，$P(\mathbf{x}_k, \mathbf{x}_{k+\tau})$ 代表向量 $\mathbf{x}_k$ 和向量 $\mathbf{x}_{k+\tau}$ 的联合概率分布。

求解互信息 $I(\tau)$，首先利用划分格子法来计算公式（3-3）中的事件发生的概率 $P(\mathbf{x}_k)$ 和 $P(\mathbf{x}_{k+\tau})$ 及联合概率分布 $P(\mathbf{x}_k, \mathbf{x}_{k+\tau})$。目前划分格子法大致有三种方法，即等间距法划分格子法、等概率划分格子法及等概率递推法，而三种划分方法的结果通常没有实质性的差别，所以这里采用计算形式最简单的等间距法[160]进行事件发生概率的求解，则以上概率可用以下公式求解：

$$P(\mathbf{x}_k) = \frac{N(\tilde{\mathbf{x}}_k)}{n-\tau},$$

$$P(\mathbf{x}_{k+\tau}) = \frac{N(\tilde{\mathbf{x}}_{k+\tau})}{n-\tau},$$

$$P(\mathbf{x}_k, \mathbf{x}_{k+\tau}) = \frac{N(\tilde{\mathbf{x}}_k, \tilde{\mathbf{x}}_{k+\tau})}{n-\tau} \tag{3-4}$$

式（3-4）中 $N(\tilde{\mathbf{x}}_k)$ 表示 $\mathbf{x}_k$ 所在格子 $\tilde{\mathbf{x}}_k$ 中的数据个数，$N(\tilde{\mathbf{x}}_k, \tilde{\mathbf{x}}_{k+\tau})$ 表示 $\mathbf{x}_k$ 和 $\mathbf{x}_{k+\tau}$ 所在格子 $\tilde{\mathbf{x}}_k$ 和 $\tilde{\mathbf{x}}_{k+\tau}$ 中的数据个数对。$\tilde{\mathbf{x}}_k$ 是通过归一化后的时间序列乘以划分的格子数取整得到的。所以，合适的格子划分数目直接影响计算结果（格子数量少，则格子空间偏大，单位格子中的点数较多，使得概率分布 $P(\mathbf{x}_k)$、$P(\mathbf{x}_{k+\tau})$ 及 $P(\mathbf{x}_k, \mathbf{x}_{k+\tau})$ 过于平均，互信息量被低估；反之，高估互信息量）。通过阿巴班尼等[160]研究总结出一个确定划分格子数目 b 的经验：

$$b = 1.87 \times (n-1)^{2/5} \tag{3-5}$$

根据式（3-3）计算 $I(\tau)$，建立 $I(\tau)$ 与 τ 的关系图，取互信息量第一次降低到极小值时所对应的 τ 作为最佳延迟时间。

与自相关函数法相比，互信息算法相对复杂，但由于其直接反映时间序列的非线性相关性，因此是目前公认的能够准确判断延迟时间的主流方法，因此在实例计算延迟时间时，以互信息方法结果为准。

3.1.2 嵌入维数

为了保证准确计算各种混沌不变量，又尽量降低运算量和噪声的影响，需要选择合适的嵌入维数 m。如果 m 取值过小，吸引子会发生折叠甚至在某些地方会出现自相交，重构吸引子的几何形状和原始状态吸引子可能完全不同；如果 m 取值过大，吸引子的几何结构会完全打开，混沌不变量计算精度提高，这在理论上是可行的，但会增加计算量（关联维数和 Lyapunov 指数），也放大了噪声的影响[161]。

目前，嵌入维数的确定方法很多，如饱和关联维数法、邻近点维数法、虚假邻近点法、奇异值分解法、累积局部变形法、轨道扩张法等[162]。这些方法确定最佳嵌入维的原理大致相同，都是依据随嵌入维数 m 升高而逐步收敛的情况，或用预测效果来确定最优嵌入维数。本书选用上述方法中最为常用的饱和关联维数法和虚假邻近点法对供水系统的最优嵌入维数 m 进行研究。

（1）饱和关联维数法

饱和关联维数法是由格拉斯伯格和普罗卡恰提出的[163]，简称 G – P 算法。相空间点对中，距离小于 r 的数目在所有相点中所占的比例 $C_m(r)$，称为关联积分，通过以下公式计算：

$$C_m(r) = \frac{1}{N^2} \sum_{i,j,i \neq j} \theta[r - r_{i,j}(m)] \qquad (3-6)$$

式（3 – 6）中，N 代表供水量时间序列 $\mathbf{x} = [x(t), t = 1, 2, \cdots, n]$ 总的相点数 $[N = n - (m-1)\tau]$，$r_{i,j}(m)$ 代表两相点 $\mathbf{X}(i)$ 和 $\mathbf{X}(j)$ 之间的欧式距离 $[r_{i,j}(m) = \|\mathbf{X}(i) - \mathbf{X}(j)\|]$（i, j = 1, 2, $\cdots$, N），$\theta(\cdot)$ 为 Heaviside 函数，当 $[r - r_{i,j}(m)] \leq 0$，$\theta(\cdot) = 0$，当 $[r - r_{i,j}(m)] > 0$，$\theta(\cdot) = 1$。选择合适的临界距离 r，使 r 在某个区间内有 $C_m(r)$ 正比于 r^D，则 D 定义为关联维数。

$$D = \lim_{r \to 0} \frac{\ln C_m(r)}{\ln r} \qquad (3-7)$$

对于实测的供水量序列，一般是选用若干个 r 值和对应的 $C_m(r)$ 来绘制 $\ln C_m(r) - \ln r$ 关系图，即可求出关联维数 D。一般 D 随嵌入维数 m 增大而逐渐变小，最终趋于平稳，此时的关联维数称为饱和关联维数，记为 D_s，而对应的 m 为最佳嵌入维数。

（2）虚假邻近点法

在相空间中当嵌入空间维数 m 较低时，空间轨道可能未完全展开，存在挤压折叠现象，使一些本来距离相距很远的相点重叠在一起。肯内尔等[164]称这些重叠相点为虚假邻近点。而随着嵌入空间维数 m 的升高，相空间轨道逐渐打开，挤压在一起的虚假邻近点随之分开，产生一定的距离，不再是最邻近状态。所以，肯内尔等[164]创造了虚假邻近点法（FNN），定义要求当全部虚假邻近点消失时所对应的最小嵌入维数，便是最优空间嵌入维数。

设在 m 维空间中，供水量时间序列相点 $\mathbf{X}(i)$ 有一个邻近点 $\mathbf{X}^n(i)$，他们之间的距离表示为：

$$R^m(i) = \| \mathbf{X}(i) - \mathbf{X}^n(i) \| \qquad (3-8)$$

当嵌入维数从 m 增加到 (m+1) 时，定义 R 来比较 m 和 (m+1) 维嵌入空间的距离：

$$R = \frac{|R^m(i) - R^{m+1}(i)|}{R^m(i)} \qquad (3-9)$$

文献[159]提出，当 $R > R_{tol} = 15$ 时，则这个点记为虚假邻近点。

随着嵌入维数 m 的增加，虚假邻近点的比例迅速下降，肯内尔等[164]认为虚假邻近点的比例小于 1% 时即可以得到有效的嵌入维数。此时虚假邻近点的比例不会再随嵌入维数发生变化，稳定在零值附近，说明由此嵌入维数 m 所确定的重构吸引子不会再出现因投影到低维空间而发生重合现象。所以这时的嵌入维数称为最优嵌入维数。

3.1.3　供水量时间序列的延迟时间和嵌入维数确定

（1）供水量数据信息

研究实例包括三种不同规模的自来水厂，1#自来水厂供水面积约 40 平方公里，担负着约 45 万余人的生产、生活供水任务；2#自来水厂供水面积约 43 平方公里，担负着约 30 万余人的生产、生活供水任务；3#自来水厂担负着 9 万余人的生产、生活供水任务。介绍详情见表 3 -1，数据见图 3 -1 至图 3 -3。

（2）最佳延迟时间计算结果

本书分别采用自相关函数法和互信息法来确定延迟时间，计算结果分别见图 3 -4 至图 3 -6 和图 3 -7 至图 3 -9。

表 3 -1　　　　　　　　　数据来源及水厂信息

编号	水厂位置	设计规模 （万立方米/日）	数据量	
			日供水	月供水
1#	重庆主城区	25	732 个数据	36 个数据
2#	重庆区县	10	182 个数据	/
3#	重庆区县	3	365 个数据	84 个数据

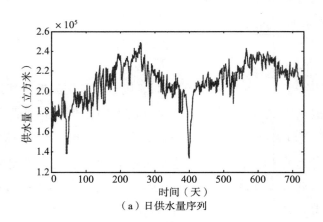

（a）日供水量序列

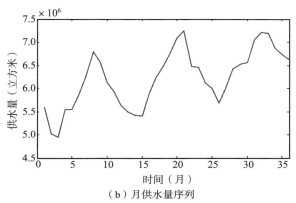

（b）月供水量序列

图 3 - 1　1#水厂供水量时间序列

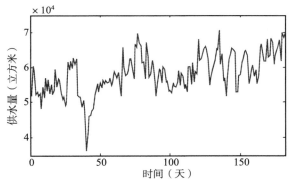

图 3 - 2　2#水厂日供水量时间序列

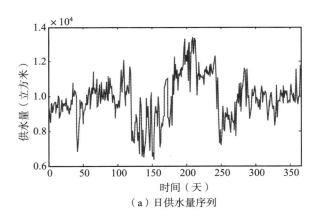

（a）日供水量序列

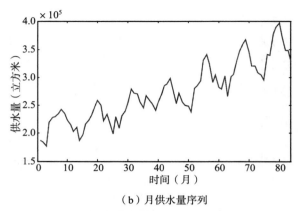

（b）月供水量序列

图 3-3　3#水厂供水量时间序列

由图 3-7 可以看出，由于时间序列长度有限导致滞时长度不够长，日用水量序列的年周期特性不是非常明显，但是自相关系数随着滞时的推进整体上呈现下降趋势（局部有波动）。同样的，由于滞时长度有限，月供水量时间序列未表现出完整的周期特性，但是从图 3-4（b）和图 3-6（b）可以发现月供水量时间序列具有一定的周期性，自相关系数随滞时的推进呈现下降趋势（伴随有伪周期性反复）。

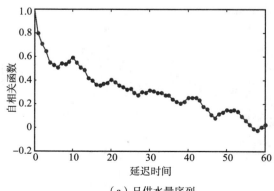

（a）日供水量序列

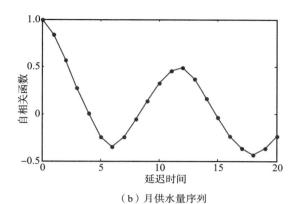

（b）月供水量序列

图 3 - 4 1#水厂供水量自相关系数与延迟时间关系

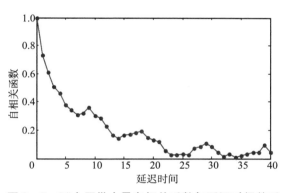

图 3 - 5 2#水厂供水量自相关系数与延迟时间关系

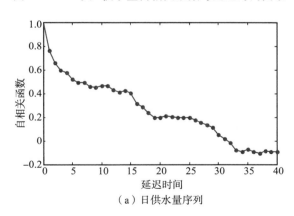

（a）日供水量序列

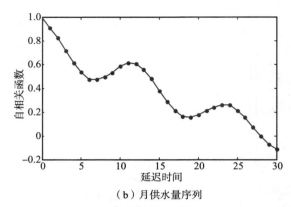

（b）月供水量序列

图 3 − 6　3#水厂供水量自相关系数与延迟时间关系

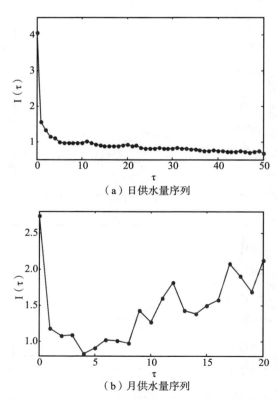

图 3 − 7　1#水厂供水量互信息量与延迟时间关系

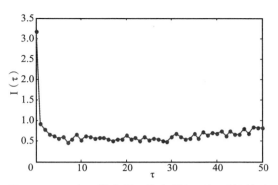

图 3 - 8 2#水厂供水量互信息量与延迟时间关系

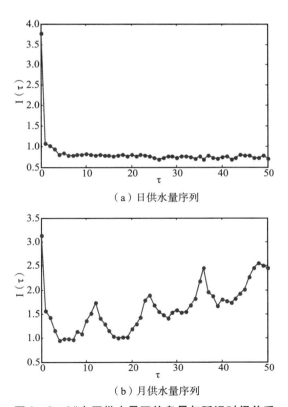

（a）日供水量序列

（b）月供水量序列

图 3 - 9 3#水厂供水量互信息量与延迟时间关系

由于互信息法直接反映的是相空间嵌入坐标间的非线性关系，将其确定的滞时作为混沌相空间重构的最佳滞时是比较合适的。从图中可以看出，与自相关法不同，日供水量序列的互信息量随滞时的推进变化幅度较小（可快速获得最佳滞时）；而月供水量序列则呈现出不同的变化规律，即随着滞时的推进，互信息量整体呈上升趋势。

根据前文介绍的延迟时间确定方法，结合图 3 - 1 至图 3 - 9，分别汇总出自相关法和互信息法两种方法的结果（见表 3 - 2）。

表 3 - 2　　　　　　　　最佳延迟时间两种方法计算结果汇总

时间序列	自相关法		互信息法
	第一次过零点	第一次小于 1/e	
1#日供水量	58	16	7
1#月供水量	4	2	2
2#日供水量	32	5	5
3#日供水量	32	5	4
3#月供水量	28	6	4

根据表 3 - 2 可知，自相关法确定延迟时间的依据（第一次小于 1/e）与互信息法得到的结果相差不大，而依据（第一次过零点）相差较大，说明实际时间序列的非线性特征在很大程度上影响着序列的自相关分析，所以根据前文介绍，以互信息法来确定五种类型时间序列的最佳延迟时间，分别为 1#日供水量序列 $\tau_1 = 7$，1#月供水量序列 $\tau_2 = 2$，2#日供水量序列 $\tau_3 = 5$，3#日供水量序列 $\tau_4 = 4$，3#月供水量序列 $\tau_5 = 4$。

（3）最佳嵌入维数计算结果

本书分别采用 G - P 法和虚假邻近点法来确定嵌入维数，计算结果分别见图 3 - 10 至图 3 - 12 和图 3 - 13 至图 3 - 15。注意 G - P 法和虚假邻近点法中最佳滞时由上述互信息法确定。

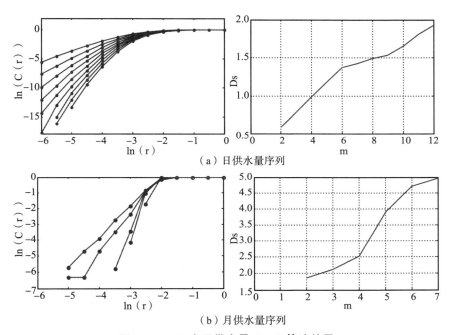

（a）日供水量序列

（b）月供水量序列

图 3 - 10　1#水厂供水量 G - P 算法结果

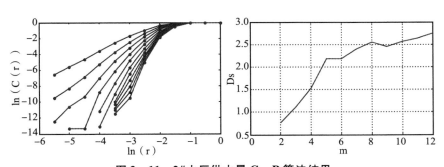

图 3 - 11　2#水厂供水量 G - P 算法结果

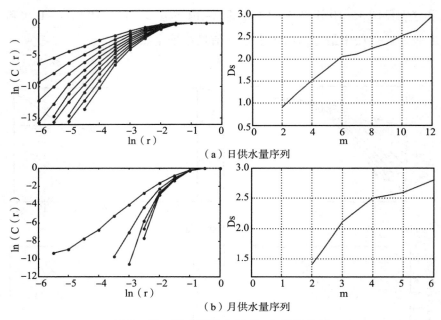

（a）日供水量序列

（b）月供水量序列

图 3 – 12　3#水厂供水量 G – P 算法结果

　　图 3 – 12 中左侧为不同嵌入维数情况下 $\ln(C(r))$ 随 $\ln(r)$ 的变化曲线，右侧为关联维数 Ds 随嵌入维数 m 的变化曲线。根据左图的实验，得出有效嵌入维的取值范围，从而计算出右图中备选嵌入维数所对应的关联维度（左侧曲线直线段部分的斜率即为关联维度的估计值）。从图中可以看出，不论日供水量序列还是月供水量序列，展现出同样的规律，即 m 较低时，曲线的直线段部分比较平缓，随着 m 的增加，曲线逐渐陡峭，直到斜率趋于饱和（斜率不再变化）。最佳嵌入维数的确定不是越大越好（取值太大，超出饱和，数据会产生二次污染），所以当斜率变化趋势减缓时，即可确定其最佳嵌入维数。

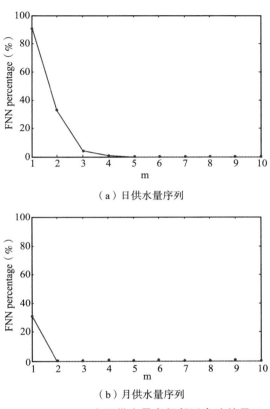

（a）日供水量序列

（b）月供水量序列

图 3 – 13 1#水厂供水量虚假邻近点法结果

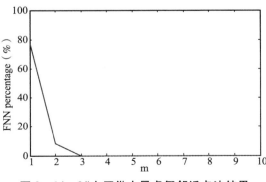

图 3 – 14 2#水厂供水量虚假邻近点法结果

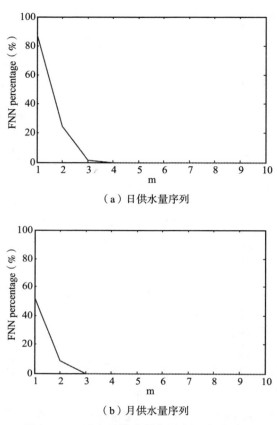

（a）日供水量序列

（b）月供水量序列

图 3 – 15　3#水厂供水量虚假邻近点法结果

从图 3 – 15 中可以看出，与饱和关联维数法不同，虚假邻近点法结果更加简单明了，并且其确定最佳维度的依据减少了主观判断的工作，更加适合实际供水量序列的相空间分析。而饱和关联维数法估计嵌入维数要求样本容量较大，但实际水厂数字化管理水平欠缺，数据管理能力较低，所以虚假邻近点法较饱和关联维数法更加实用。

根据前文介绍的嵌入维数确定方法，结合图 3 – 10 至图 3 – 15，分别汇总出饱和关联维数法和虚假邻近点法两种方法的结果（见表

3 – 3）。

表3 – 3	最佳嵌入维数两种方法计算结果汇总	
时间序列	G – P 算法	FNN 算法
1#日供水量	6	5
1#月供水量	2	2
2#日供水量	5	3
3#日供水量	6	4
3#月供水量	4	3

根据表 3 – 3 所示，两种方法得到的最佳嵌入维数结果相差不大，FNN 算法的结果较 G – P 算法更加直观，且运算简单，所以本书以 FNN 算法来确定五种类型时间序列的最佳嵌入维数，分别为 1#日供水量序列 $m_1 = 5$，1#月供水量序列 $m_2 = 2$，2#日供水量序列 $m_3 = 3$，3#日供水量序列 $m_4 = 4$，3#月供水量序列 $m_5 = 3$。

3.2　供水量时间序列混沌分析

常用表征系统是否具有混沌特征一般有两类方法：定性方法（功率谱）和定量方法（最大 Lyapunov 指数）。

3.2.1　功率谱

功率谱估计是数字信号处理的主要内容之一，主要研究信号在频域中的各种特征，目的是根据有限数据在频域内提取被淹没在噪声中的有用信号。其对应的密度谱是一种概率统计方法，是对随机变量均方值的量度。一般用于随机振动分析，连续瞬态响应只能通过概率分布函数进行描述，即出现某水平响应所对应的概率。功率谱密度是一条功率谱密度值—频率值的关系曲线，数学上功率谱密度值—频率值的关系曲线下的面积就是方差，即响应标准偏差的平方值。

利用傅立叶分析法求出时间序列的功率谱，从而可以识别该时间序列表征的动力系统的规则性态与不规则性态。若时间序列具有混沌特征，则其功率谱具有连续性、噪声背景和宽峰特征等图形特征；若时间序列是确定性的周期系统，则其功率谱是仅包含有基频和其谐波或分频的离散波形；若时间序列是确定性的准周期系统，则其功率谱是包括不同层次频率的离散波形，但谱线并不像周期运动那样以某间隔的频率分离[165]。

对于供水量时间序列，功率谱计算公式如下：

$$P_k = \sum_{j=1}^{n} C_j e^{\frac{i2\pi kj}{n}},$$

$$C_j = \frac{1}{n} \sum_{i=1}^{n} x(i) x(i+j) \qquad (3-10)$$

式（3-10）中，P 和 C 分别代表功率谱和自关联系数。

本书利用快速傅立叶变换（Fast Fourier Transform，FFT）来计算功率谱，

$$P'_k = a_k^2 + b_k^2,$$

$$a_k = \frac{1}{n} \sum_{i=1}^{n} x(i) \cos \frac{\pi ik}{n},$$

$$b_k = \frac{1}{n} \sum_{i=1}^{n} x(i) \sin \frac{\pi ik}{n} \qquad (3-11)$$

式（3-11）中，a 和 b 均为 FFT 转换系数。通过计算许多组 $\{x(i)\}$ 得到 P'_k，求平均后即可得到式（3-10）中的功率谱 P_k。

图 3-16 至图 3-18 表示了三种水厂不同供水量时间序列的

功率谱。

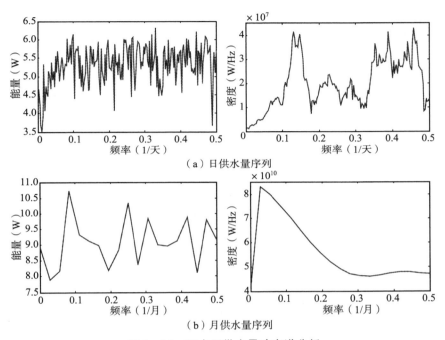

（a）日供水量序列

（b）月供水量序列

图 3-16 1#水厂供水量功率谱分析

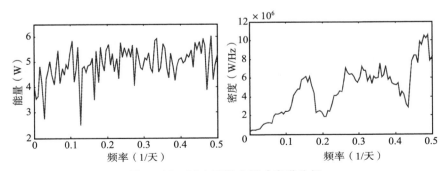

图 3-17 2#水厂供水量功率谱分析

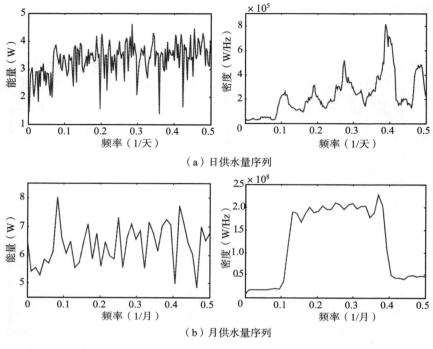

（a）日供水量序列

（b）月供水量序列

图 3－18　3#水厂供水量功率谱分析

从图 3－16 至图 3－18 可以看出，不论是日供水量，还是月供水量，三个水厂的供水量序列的功率谱分析结果一致：①能量谱具有连续性，并且无明显的峰值；②密度谱具有连续性，并且峰值具有一定的宽度。根据欧西玛等研究成果[166]，具有以上两种功率谱特性的序列是混沌的。所以，实例数据序列具有混沌特性。

3.2.2　最大 Lyapunov 指数

最大 Lyapunov 指数是评判和表征非线性时间序列混沌特性的重要参数，是一个非常关键的混沌不变量[167]。Lyapunov 指数是用来描述混沌系统内部相邻相点间辐散的平均速率［其中正 Lyapunov 指数值（Lyapunov 指数 >0）评判两个相邻轨道的平均指数分离程度，负 Lyapunov 指数值（Lyapunov 指数 <0）评判两个相邻轨道的平均指数靠拢程度］。如果一个非线性系统是离散的，那么正 Lyapunov 指数则是衡量系统是否混沌的一个重要指标[168]。对于重构的供水量时间序列相空间，Lyapunov 指数与系统运动特性间的对应关系见表 3 - 4[168]。

表 3 - 4 　　　　　　　　**Lyapunov 指数与系统运动特性对应关系**

Lyapunov 指数	运动特性
$L_i < 0 (i = 1, 2, \cdots, N)$	定常运动
$L_1 = 0 (i = 2, 3, \cdots, N)$	周期/准周期运动
$L_1 > 0$	混沌运动
$L_1 \to \infty$	随机运动

注：L_i 代表系统的第 i 维增长速率 Lyapunov 指数，L_1 代表最大 Lyapunov 指数。

根据表 3 - 4 可以看出，判断一个时间序列是否具有混沌特性，无须计算时间序列的所有 Lyapunov 指数谱，而只计算出最大 Lyapunov 指数就足够了（只要 $L_1 > 0$ 就可判定系统具有混沌特性）。

Lyapunov 指数 L 计算过程如下：

对于实际供水量时间序列，相距为 ε 的两点经过 s 次迭代后相距为：

$$\varepsilon e^{sL(x(t))} = \left| F^s[x(t) + \varepsilon] - F^s[x(t)] \right| \qquad (3 - 12)$$

对式（3 - 12）取极限：

$$L(x(t)) = \lim_{s \to \infty}\lim_{\varepsilon \to 0} \frac{1}{s} \ln \left| \frac{F^s[x(t) + \varepsilon] - F^s[x(t)]}{\varepsilon} \right| = \lim_{l \to \infty} \frac{1}{s} \ln \left| \frac{F^s(x)}{dx} \right|_{x = x(t)}$$

$$(3 - 13)$$

将式（3 - 13）简化后：

$$L = \lim_{s \to \infty} \frac{1}{s} \sum_{i=0}^{s-1} \ln \left| \frac{F(x)}{dx} \right|_{x = x(i)} \qquad (3-14)$$

通过上述计算，得到所有 Lyapunov 指数谱（L_i），其中最小的 Lyapunov 指数决定了供水量相空间轨道收缩的速度，最大的 Lyapunov 指数决定了供水量相空间轨道发散速度（覆盖吸引子程度），所有 Lyapunov 指数之和则定义为供水量相空间轨道变化的平均发散速度。

确定 Lyapunov 指数的方法很多，目前已发表的有 Wolf 方法[169]、Jacobian 法[170]、p - 范数法[171]、小数据量法[172]等。这些方法的适用范围见表 3 - 5。

表 3 - 5　　　　　　各种求解 Lyapunov 指数方法的对比

方法名称	适用范围	备注
Wolf 法	时间序列不含噪声，且空间中小向量的演变高度非线性	
Jacobian 法	时间序列的噪声较大，且空间中小向量演变接近线性	
p - 范数法	在 Wolf 和 Jacobian 方法之间架桥，寻求最佳权重，适用范围包括 Wolf 法和 Jacobian 法的范围	p - 范数的选取和计算很复杂，实际操作起来比较困难
小数据量法	可用于时间序列含有噪声的情况	计算量小，对小数组可靠

实际城市供水量观测序列有其自身特点：一方面是现有的用水量观测序列不长，况且从用水量时间序列预测考虑，对预测结果真正有意义的往往是近期不长的观测数据，时间序列考虑太长，反而可能会对预测结果的精度产生不利影响；另一方面，观测数据序列本身噪声及错误数据的存在不可避免。所以，针对用水量数据特点，本书采用小数据量方法来确定最大 Lyapunov 指数。

根据相空间重构方法得到供水量时间序列的重构向量 $\mathbf{X}$（见公式 3-1）后，寻找给定轨道上每个相点 $\mathbf{X}(i)$ 的邻近点 $\mathbf{X}^\eta(i)$，即：

$$d_0(i) = \min_i \| \mathbf{X}(i) - \mathbf{X}^\eta(i) \|,$$

$$|i - {}^\eta i| > p \qquad (3-15)$$

式（3-15）中，$d_0(i)$ 代表初始时刻一对最近邻点的距离，p 为供水量时间序列平均周期，其与通过傅立叶变换获得的平均频率成倒数关系。通过计算每个相点的邻近点的平均发散率可以估算出最大 Lyapunov 指数，表示式为[173]：

$$L_1(s, c) = \frac{1}{c \cdot \Delta t} \cdot \frac{1}{N-c} \sum_{i=1}^{N-c} \ln \left[\frac{d_{s+c}(i)}{d_s(i)} \right] \qquad (3-16)$$

式（3-16）中，c 为常数，Δt 为样本周期，$d_1(i)$ 代表第 i 对邻近点对经过 s 个离散时间步长的距离。

$$d_s(i) = \| \mathbf{X}_s(i) - \mathbf{X}_s^\eta(i) \| \qquad (3-17)$$

最大 Lyapunov 指数的几何意义是定量计算出初始轨道随指数发散特征演化的参量，即有：

$$d_s(i) = d_0(i) e^{L_1(i\Delta t)} \qquad (3-18)$$

将式（3-18）取对数得：

$$\ln[d_s(i)] = \ln[d_0(i)] + L_1(i\Delta t) \qquad (3-19)$$

则最大 Lyapunov 指数大致为式（3-18）所表示的直线（$\ln d_s(i) \sim i$）斜率。它可以通过最小二乘法逼近这组直线而得到。

小数据量方法求解最大 Lyapunov 指数步骤如下：

第一步，利用3.1介绍方法确定时间序列最佳延迟时间 τ 和嵌入维数 m，重构相空间 $\mathbf{X}$；

第二步，根据式（3-15）找出每个相点 $\mathbf{X}(i)$ 最近邻点 $\mathbf{X}^\eta(i)$，限制短暂分离；

第三步，根据式（3-17）计算相空间中每个相点邻点对的 s 个离散时间步后的距离 $d_s(i)$；

第四步，对每个 s，计算出所有 i 对应 $\ln(d_s(i))$ 的平均，得到 y。

$$y_s = \frac{1}{\Delta t}\langle \ln d_s(i) \rangle \qquad (3-20)$$

式（3-20）中，$\langle \ln d_s(i) \rangle$ 代表所有 $\ln[d_s(i)]$ 的平均值。之后采用最小二乘法作线性回归，则该直线的斜率就代表最大 Lyapunov 指数 L_1。

图 3-19 至图 3-21 分别表示三种水厂不同供水量时间序列的 Lyapunov 指数与离散步长的变化关系（Lyapunov(i)~i）。

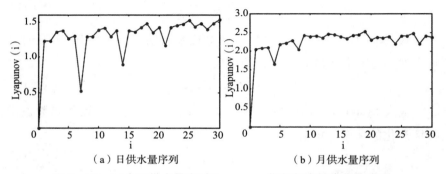

（a）日供水量序列　　　　（b）月供水量序列

图 3-19　1#水厂供水量序列 Lyapunov 指数与离散步长的关系

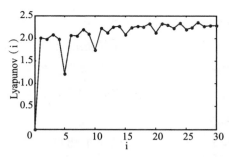

图 3-20　2#水厂供水量序列 Lyapunov 指数与离散步长的关系

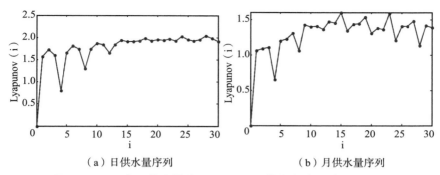

（a）日供水量序列 （b）月供水量序列

图 3 – 21 3#水厂供水量序列 Lyapunov 指数与离散步长的关系

用最小二乘法对以上五个时间序列的（Lyapunov(i) ~ i）做回归，该直线的斜率就是最大 Lyapunov 指数 L_1，结果见表 3 – 6。

表 3 – 6　　　　　　　　　不同时间序列的最大 Lyaounov 值

时间序列	最大 Lyaounov 值
1#日供水量	0.0402
1#月供水量	0.0155
2#日供水量	0.0380
3#日供水量	0.0296
3#月供水量	0.0172

从图 3 – 19 至图 3 – 21 可以看出，实际供水量时间序列最大 Lyapunov 指数曲线在初期都有一定的波动状态，这种波动随离散步长逐渐减小，这一点可能是由于实测数据的混沌叠加噪声引起的，但总的趋势是上升的。结合表 3 – 6 的结果，五种类型的时间序列最大 Lyaounov 值均大于 0，所以可以认为研究的五个供水量时间序列均具有混沌特性。

综合定性（功率谱）和定量（最大 Lyapunov 指数）分析可得，

三种类型水厂的供水量时间序列均含有混沌成分，说明本书研究的五种不同日、月供水量时间序列均是可预测的。

3.3　本章小结

本章探讨了三个自来水厂供水量时间观测序列（日、月供水量序列）的混沌特性，对重构相空间后的功率谱定性分析和最大 Lyapunov 指数法进行定量混沌分析。从时间序列功率谱图可知，本次研究的供水量时间序列的功率谱谱线均表现出连续性、噪声背景和宽峰特征，说明五个被研究序列均具有混沌特征，同时其最大 Lyapunov 指数均大于零，这也进一步定量说明了五个序列都存在不同程度的混沌现象。根据前述理论，可以得出实例分析中的不同时间序列具有可预测性，预测工作也具有实际意义。

第4章

常用供水量预测模型研究

通过第 1 章国内外研究现状的综述可以知道，供水量预测方法很多，且各自有适用范围和对不同特性的拟合适应能力。根据表 1 - 2 对各模型的优缺点总结，结合本书研究的实际供水量序列特性，本章介绍四种模型（涵盖传统预测模型和新技术预测模型）：整合自回归移动平均模型（ARIMA）、误差反向传播神经网络模型（BPNN）、自适应模糊神经网络模型（ANFIS）和最小二乘支持向量机回归模型（LSSVR），分别对其建模原理进行描述，并且分别用于日／月供水量预测，比较各种方法的预测精度，为之后章节的深入研究提供模型选择依据。

4.1 整合自回归移动平均模型

整合自回归移动平均模型（ARIMA）是由博克斯和詹金斯于 1976 年提出的一种著名时间序列预测模型，又被称为博克斯—詹金斯模型[20]，它是通过分析现象随时间推移而发展变化的这一特征，以现象的历史统计数据建立时间模型从而进行趋势外推的预测方法，是传统预测模型的经典方法之一。由于 ARIMA 只需要内生变量而不需要借助其他外生变量（将时间序列本身看作是综合因素耦合的结果，不需要考虑其他影响因素），所以特别适合用于一维时间序列的预测拟合。

4.1.1　模型原理

对于供水量时间序列 $\mathbf{x} = [x(t), \ t = 1, 2, \cdots, n]$，ARIMA（p，d，q）模型可以表示为：

$$\left(1 - \sum_{i=1}^{p} \phi_i L^i\right)(1 - L)^d \mathbf{x} = \left(1 + \sum_{i=1}^{q} \theta_i L^i\right)\boldsymbol{\varepsilon} \qquad (4-1)$$

式（4-1）中，p 为自回归项，q 为移动平均项数，d 为时间序列成为平稳时所做的差分次数，L 为滞后算子，$\boldsymbol{\varepsilon} = [\varepsilon(t), \ t = 1, 2, \cdots, n]$ 代表误差项，ϕ_1，ϕ_2，$\cdots$，ϕ_p 代表自回归系数，θ_1，θ_2，$\cdots$，θ_q 代表移动平均系数。根据原时间序列是否平稳及回归中所涉及参数的不同，可包括自回归过程（AR）、移动平均过程（MA）、自回归移动平均过程（ARMA）以及 ARIMA 过程。

（1）AR[ARIMA(p，0，0)]

$$\hat{x}(k) = \phi_1 x(k-1) + \phi_2 x(k-2) + \cdots + \phi_p x(k-p) + \varepsilon(k) \qquad (4-2)$$

式（4-2）中，$\hat{x}(k)$ 代表 k 时刻预测值，$x(k-p)$ 代表（k-p）时刻观测值。

（2）MA[ARIMA(0，0，q)]

$$\hat{x}(k) = \varepsilon(k) - \theta_1 \varepsilon(k-1) - \theta_2 \varepsilon(k-2) - \cdots - \theta_q \varepsilon(k-q) \qquad (4-3)$$

（3）ARMA[ARIMA(p，0，q)]

$$\hat{x}(k) = \phi_1 x(k-1) + \phi_2 x(k-2) + \cdots + \phi_p x(k-p)$$
$$+ \varepsilon(k) - \theta_1 \varepsilon(k-1) - \theta_2 \varepsilon(k-2) - \cdots - \theta_q \varepsilon(k-q) \qquad (4-4)$$

（4）ARIMA（p，d，q）

ARIMA（p，d，q）是 ARMA 的扩展形式，通过 d 次差分后使时间序列平稳化，然后进行 ARMA 计算。

4.1.2 建模步骤

ARIMA 模型建模步骤如下。

第一步，判断时间序列是否平稳，若序列不平稳，则对序列进行平稳化。一般的，时间序列平稳性判别有两种方式：①根据时序图和自相关图的波形特征做出判断的图形检验方法；②构造检验统计量进行假设检验的方法。本书采用后一种方式来判断供水量时间序列的平稳性（单位根检验）。单位根检验方法有 DF 检验、ADF 检验、PP 检验、KPSS 检验和 ERS 检验等[174]。前 3 种方法普遍用于实际操作中，但是这 3 种方法均是基于假设（被检验序列可能包含常数项和趋势变量项）来进行判断的，所以对实际时间序列平稳性识别有一定的不便；而后 2 种方法解决了这个不便，在提取并删除原序列趋势的基础上，构造统计量检验序列是否存在单位根，应用起来更加方便[174]。KPSS 检验[175]的原理是用从待检验时间序列中剔除截距项和趋势项的序列构造 LM 统计量。KPSS 检验的原假设序列是平稳的，备选假设序列是不平稳的。当 LM 统计量小于临界值时，假设成立，即时间序列为平稳；反之非平稳。

LM 统计量计算如下：

$$LM = T^{-2} \sum\nolimits_{t=1}^{T} \frac{S_t^2}{S^2(1)},$$

$$S_t = \sum\nolimits_{i=1}^{T} e_i, \ S^2(1) = T^{-1} \sum\nolimits_{t=1}^{T} e_t^2 + 2T^{-1} \sum\nolimits_{s=1}^{1} w(s, l) \sum\nolimits_{t=s+1}^{T} e_t e_{ts}$$

$$(4-5)$$

式（4-5）中 T 是样本容量，e_i 为 Y_t 对截距项和时间趋势回归的残差，$w(s, l)$ 是对应不同谱窗的可变权函数。KPSS 检验是通过非参数修正来解决趋势平稳零假设下的序列相关问题，属于非参数检验。

第二步，建立相应的时间序列模型，确定 ARMA(p, q)。本书采用 AIC 信息准则[151]来衡量统计模型拟合优良性，此方法是日本统计学家赤池弘次基于熵的概念基础上创立和发展的，可以评估建模复杂度和模型拟合度。

AIC 的一般表现形式为[176]：

$$AIC = 2K - 2\ln(L) \qquad (4-6)$$

式（4-6）中 K 代表参数的数量，L 为似然函数。

假设预测模型误差服从于独立正态分布，n 为观察数，RSS 为剩余平方和，那么 AIC 可转换为：

$$AIC = 2K + n\ln(RSS/n) \qquad (4-7)$$

预测模型中，适当增加自由参数量可以提高数据拟合效果，但过度的增加参数量会出现过拟合现象，同时增加计算负担，参数量的确定一般优先考虑的是 AIC 值最小时所对应的模型结构。所以，利用 AIC 准则可以筛选出最少自由参数的、最佳拟合效果的 ARIMA 模型表达形式。

第三步，利用已通过检验的模型进行预测。一般模型建立需要采用原始时间序列的 80% 作为训练集，20% 作为测试集（整个集合分类按照时间顺序划分）。在通过上述模型检验后，采用后 20% 对模型预测效果评估，验证模型的外推能力。

综上所述，ARIMA 建模步骤见图 4-1：

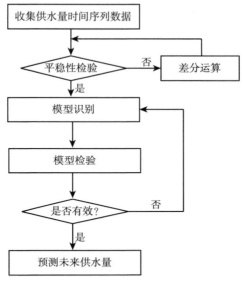

图 4 – 1 ARIMA 建模步骤流程

4.1.3 模型预测结果

根据建模步骤，以下分别给出 1# ~ 3# 五种不同供水量时间序列的 ARIMA 模型预测结果。

（1） 1# 日供水量时间序列

图 4 – 2 分别表示了 1# 日供水量时间序列的 KPSS 方法平稳性检验及一阶差分后的 KPSS 平稳性检验结果。其结果是在 EVIEWS 6.0 统计软件中完成的。对时间序列单位根的检验就是对时间序列平稳性的检验，非平稳时间序列如果存在单位根，则一般可以通过差分的方法来消除单位根，得到平稳序列。

平稳性检验结果表明，1# 日供水量时间序列 LM 统计量均大于 1% 、5% 和 10% 水平，说明 KPSS 检验原始假设不成立，即原始序列是非平稳的。一次差分后序列的 LM 统计量均小于 1% 、5% 和 10% 水平，说明 KPSS 检验假设成立，即一次差分序列是平稳的。

Table (a)

Null Hypothesis: D1 is stationary
Exogenous: Constant, Linear Trend
Bandwidth: 14 (Newey-West using Bartlett kernel)

		LM-Stat.
Kwiatkowski-Phillips-Schmidt-Shin test statistic		0.472837
Asymptotic critical values*:	1% level	0.216000
	5% level	0.146000
	10% level	0.119000

*Kwiatkowski-Phillips-Schmidt-Shin (1992, Table 1)

Residual variance (no correction)	2.65E+08
HAC corrected variance (Bartlett kernel)	2.76E+09

KPSS Test Equation
Dependent Variable: D1
Method: Least Squares
Date: 03/31/14 Time: 11:50
Sample: 1 365
Included observations: 365

	Coefficient	Std. Error	t-Statistic	Prob.
C	183733.3	1706.508	107.6663	0.0000
@TREND(1)	120.5269	8.114644	14.85301	0.0000
R-squared	0.378011	Mean dependent var		205669.2
Adjusted R-squared	0.376298	S.D. dependent var		20683.68
S.E. of regression	16334.90	Akaike info criterion		22.24546
Sum squared resid	9.69E+10	Schwarz criterion		22.26683
Log likelihood	-4057.796	Hannan-Quinn criter.		22.25395
F-statistic	220.6119	Durbin-Watson stat		0.247411
Prob(F-statistic)	0.000000			

Table (b)

Null Hypothesis: D(D1) is stationary
Exogenous: Constant, Linear Trend
Bandwidth: 52 (Newey-West using Bartlett kernel)

		LM-Stat.
Kwiatkowski-Phillips-Schmidt-Shin test statistic		0.087710
Asymptotic critical values*:	1% level	0.216000
	5% level	0.146000
	10% level	0.119000

*Kwiatkowski-Phillips-Schmidt-Shin (1992, Table 1)

Residual variance (no correction)	65821829
HAC corrected variance (Bartlett kernel)	5635902.

KPSS Test Equation
Dependent Variable: D(D1)
Method: Least Squares
Date: 03/31/14 Time: 12:23
Sample (adjusted): 2 365
Included observations: 364 after adjustments

	Coefficient	Std. Error	t-Statistic	Prob.
C	308.9831	854.5867	0.361559	0.7179
@TREND(1)	-1.095105	4.058089	-0.269857	0.7874
R-squared	0.000201	Mean dependent var		109.1264
Adjusted R-squared	-0.002561	S.D. dependent var		8125.050
S.E. of regression	8135.446	Akaike info criterion		20.85133
Sum squared resid	2.40E+10	Schwarz criterion		20.87274
Log likelihood	-3792.942	Hannan-Quinn criter.		20.85984
F-statistic	0.072823	Durbin-Watson stat		2.279413
Prob(F-statistic)	0.787424			

（a）1#日供水量原始序列　　　　　　（b）1#日供水量一次差分后序列

图 4-2　平稳性检验结果（KPSS 检验）

经过一次差分后，1#日供水量时间序列转换成了平稳时间序列，即 $d=1$。接下来通过 AIC 准则来确定 ARMA（p，q）。其结果是在 Matlab 2011 环境中运行得到的。根据序列长度，本书考察了 p，$q \in$ [1，15] 不同组合下的 AIC 信息值，选择最小 AIC 所对应的 p，q 组合作为最佳模型阶数，用于 1#日供水量序列的预测。

根据 AIC 在不同组合下的变化情况，表 4-1 截选了部分组合下的 AIC 结果。其结果表明，最佳模型阶数为 $p=2$、$q=8$，此时的 AIC = 17.9013（AIC 值最小，既保证了拟合的优良性，又避免了模型过拟合）。所以，对 1#日供水量时间序列预测采用的 ARIMA 模型结构为 $p=2$、$q=8$、$d=1$，即 ARIMA（2，1，8）。

表 4 –1　　　　　　　1#日供水量 AIC 检验结果

序号	p	q	AIC	序号	p	q	AIC
1	1	1	17. 9446	29	2	14	17. 9577
2	1	2	17. 9439	30	2	15	17. 9642
3	1	3	17. 9427	31	3	1	17. 9243
4	1	4	17. 9441	32	3	2	17. 9297
5	1	5	17. 9135	33	3	3	17. 9351
6	1	6	17. 9158	34	3	4	17. 9410
7	1	7	17. 9197	35	3	5	17. 9236
8	1	8	17. 9257	36	3	6	17. 9283
9	1	9	17. 9314	37	3	7	17. 9038
10	1	10	17. 9352	38	3	8	17. 9105
11	1	11	17. 9386	39	3	9	17. 9303
12	1	12	17. 9456	40	3	10	17. 9362
13	1	13	17. 9513	41	3	11	17. 9498
14	1	14	17. 9523	42	3	12	17. 9568
15	1	15	17. 9585	43	3	13	17. 9591
16	2	1	17. 9159	44	3	14	17. 9629
17	2	2	17. 9215	45	3	15	17. 9397
18	2	3	17. 9270	46	4	1	17. 9330
19	2	4	17. 9303	47	4	2	17. 9349
20	2	5	17. 9168	48	4	3	17. 9230
21	2	6	17. 9203	49	4	4	17. 9124
22	2	7	17. 9253	50	4	5	17. 9309
23	**2**	**8**	**17. 9013**	51	4	6	17. 9367
24	2	9	17. 9370	52	4	7	17. 9289
25	2	10	17. 9111	53	4	8	17. 9329
26	2	11	17. 9443	54	4	9	17. 9430
27	2	12	17. 9483	55	4	10	17. 9446
28	2	13	17. 9525	56	4	11	17. 9492

利用已确定模型 ARIMA（2，1，8）对 1#日供水量进行预测，其中前 290 天数据作为训练集，后 65 天数据（即第 301 天至第 365 天数据）作为测试集，预测结果见图 4-3。从图 4-3 可以看出，ARIMA 模型较好的跟踪了测试集序列的趋势变化情况。在预测初期（前 1~2 天），预测趋势紧跟随训练集趋势，所以出现较大偏差，之后整体预测趋势与实际序列表现出良好的拟合效果。

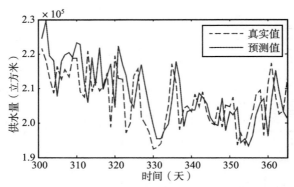

图 4-3　1#日供水量 ARIMA 模型预测结果

（2）1#月供水量时间序列

图 4-4 表示了 1#月供水量时间序列的 KPSS 方法平稳性检验结果。

平稳性检验结果表明，1#月供水量时间序列 LM 统计量均小于 1%、5% 和 10% 水平，说明 KPSS 检验假设成立，即 1#月供水量时间序列是平稳的（$d=0$），可直接将原始时间序列进行 ARIMA 建模。

根据序列长度，本书考察了 $p, q \in [1, 5]$ 不同组合下的 AIC 信息值。结果表明（见表 4-2），最佳模型阶数为 $p=5$、$q=4$，即 ARIMA(5，0，4)或 ARMA(5，4)。利用已确定模型 ARIMA(5，0，4) 对 1#月供水量进行预测，其中前 30 个月数据作为训练集，后 6 个月数据（即第 31 个月至第 36 个月数据）作为测试集，预测结果见图 4-5。

```
Null Hypothesis: M1 is stationary
Exogenous: Constant, Linear Trend
Bandwidth: 3 (Newey-West using Bartlett kernel)

                                                                    LM-Stat.

Kwiatkowski-Phillips-Schmidt-Shin test statistic                    0.042400
Asymptotic critical values*:              1% level                  0.216000
                                          5% level                  0.146000
                                          10% level                 0.119000

*Kwiatkowski-Phillips-Schmidt-Shin (1992, Table 1)


Residual variance (no correction)                                   2.13E+11
HAC corrected variance (Bartlett kernel)                            5.26E+11


KPSS Test Equation
Dependent Variable: M1
Method: Least Squares
Date: 03/31/14   Time: 12:25
Sample: 1 36
Included observations: 36

                      Coefficient    Std. Error    t-Statistic    Prob.

         C             5523393.      155009.9      35.63252      0.0000
    @TREND(1)          39518.87      7616.787      5.188391      0.0000

R-squared             0.441886    Mean dependent var      6214973.
Adjusted R-squared    0.425470    S.D. dependent var      626341.4
S.E. of regression    474752.6    Akaike info criterion   29.03293
Sum squared resid     7.66E+12    Schwarz criterion       29.12090
Log likelihood       -520.5927    Hannan-Quinn criter.    29.06363
F-statistic           26.91940    Durbin-Watson stat      0.493822
Prob(F-statistic)     0.000010
```

图 4 - 4   平稳性检验结果 （KPSS 检验）

表 4 - 2   1#月供水量 AIC 检验结果

序号	p	q	AIC	序号	p	q	AIC
1	1	1	25. 2900	14	3	4	24. 5088
2	1	2	24. 9411	15	3	5	24. 4925
3	1	3	24. 9980	16	4	1	24. 7107
4	1	4	25. 0256	17	4	2	24. 1152
5	1	5	24. 8514	18	4	3	24. 1794
6	2	1	24. 7022	19	4	4	23. 9346
7	2	2	24. 7497	20	4	5	24. 2521
8	2	3	24. 3313	21	5	1	24. 6129
9	2	4	24. 3736	22	5	2	24. 3132
10	2	5	24. 4591	23	5	3	24. 3572
11	3	1	24. 6785	**24**	**5**	**4**	**23. 8726**
12	3	2	24. 6941	25	5	5	24. 1169
13	3	3	24. 7567				

从图 4 – 5 可以看出，ARIMA 模型较好的跟踪了测试集序列的趋势变化情况，但是在局部出现了较大偏移现象。这是由于训练集长度所造成的，这一现象也说明了 ARIMA 的预测效果与数据长度有紧密联系。

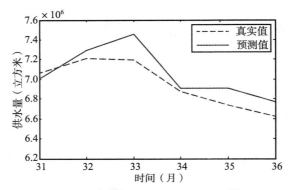

图 4 – 5　1#月供水量 ARIMA 模型预测结果

（3）2#日供水量时间序列

图 4 – 6 表示了 2#日供水量时间序列的 KPSS 方法平稳性检验结

Null Hypothesis: D2 is stationary
Exogenous: Constant, Linear Trend
Bandwidth: 8 (Newey-West using Bartlett kernel)

		LM-Stat.
Kwiatkowski-Phillips-Schmidt-Shin test statistic		0.055234
Asymptotic critical values*:	1% level	0.216000
	5% level	0.146000
	10% level	0.119000

*Kwiatkowski-Phillips-Schmidt-Shin (1992, Table 1)

Residual variance (no correction)	22398416
HAC corrected variance (Bartlett kernel)	82799787

KPSS Test Equation
Dependent Variable: D2
Method: Least Squares
Date: 03/31/14   Time: 12:26
Sample: 1 182
Included observations: 182

	Coefficient	Std. Error	t-Statistic	Prob.
C	52580.86	702.6114	74.83633	0.0000
@TREND(1)	61.79802	6.714261	9.203995	0.0000

R-squared	0.320020	Mean dependent var	58173.58
Adjusted R-squared	0.316242	S.D. dependent var	5755.153
S.E. of regression	4758.917	Akaike info criterion	19.78436
Sum squared resid	4.08E+09	Schwarz criterion	19.81956
Log likelihood	-1798.376	Hannan-Quinn criter.	19.79863
F-statistic	84.71353	Durbin-Watson stat	0.751304
Prob(F-statistic)	0.000000		

图 4 – 6　平稳性检验结果（KPSS 检验）

果，2#日供水量时间序列 LM 统计量均小于1%、5%和10%水平，说明 KPSS 检验假设成立，即2#日供水量时间序列是平稳的（d = 0），可直接将原始时间序列进行 ARIMA 建模。

根据序列长度，本书考察了 p，q∈［1，15］不同组合下的 AIC 信息值，表4-3截选了部分组合下的 AIC 结果。其结果表明，最佳模型阶数为 p = 3、q = 15，即 ARIMA（3，0，15）。

表 4-3　　　　　　　　　2#日供水量 AIC 检验结果

序号	p	q	AIC	序号	p	q	AIC
1	1	1	16.4541	20	2	5	16.4907
2	1	2	16.4652	21	2	6	16.5029
3	1	3	16.4756	22	2	7	16.4941
4	1	4	16.4745	23	2	8	16.5297
5	1	5	16.4829	24	2	9	16.4948
6	1	6	16.4824	25	2	10	16.5053
7	1	7	16.4873	26	2	11	16.4817
8	1	8	16.5044	27	2	12	16.5486
9	1	9	16.4847	28	2	13	16.4979
10	1	10	16.4962	29	2	14	16.5531
11	1	11	16.4956	30	2	15	16.5935
12	1	12	16.5383	31	3	1	16.4821
13	1	13	16.4896	32	3	2	16.4889
14	1	14	16.5123	33	3	3	16.4691
15	1	15	16.6046	34	3	4	16.4775
16	2	1	16.4615	35	3	5	16.4883
17	2	2	16.4724	36	3	6	16.5206
18	2	3	16.4801	37	3	7	16.5039
19	2	4	16.4800	38	3	8	16.5546

续表

序号	p	q	AIC	序号	p	q	AIC
39	3	9	16.4911	48	4	3	16.4777
40	3	10	16.5195	49	4	4	16.4941
41	3	11	16.5669	50	4	5	16.4937
42	3	12	16.5624	51	4	6	16.5156
43	3	13	16.5187	52	4	7	16.5150
44	3	14	16.6657	53	4	8	16.5090
45	**3**	**15**	**16.4417**	54	4	9	16.5179
46	4	1	16.4920	55	4	10	16.4908
47	4	2	16.4716	56	4	11	16.5835

利用已确定模型 ARIMA(3，0，15) 对 2#日供水量进行预测，其中前 150 天数据作为训练集，后 32 天数据（即第 151 天至第 182 天数据）作为测试集，预测结果见图 4 - 7。从图 4 - 7 可以看出，ARIMA 模型较好地跟踪了测试集序列的趋势变化情况，但个体误差较大，尤其是在预测后期和峰值峰谷等转折时刻。

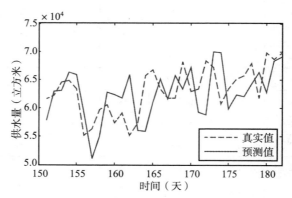

图 4 - 7　2#日供水量 ARIMA 模型预测结果

（4）3#日供水量时间序列

图 4 - 8 表示了 3#日供水量时间序列的 KPSS 方法平稳性检验结果，3#日供水量时间序列 LM 统计量均小于 1%、5% 和 10% 水平，说明 KPSS 检验假设成立，即 3#日供水量时间序列是平稳的（d = 0）。

```
Null Hypothesis: D3 is stationary
Exogenous: Constant, Linear Trend
Bandwidth: 14 (Newey-West using Bartlett kernel)

                                                          LM-Stat.

Kwiatkowski-Phillips-Schmidt-Shin test statistic          0.105135
Asymptotic critical values*:          1% level            0.216000
                                      5% level            0.146000
                                      10% level           0.119000

*Kwiatkowski-Phillips-Schmidt-Shin (1992, Table 1)


Residual variance (no correction)                         1715630.
HAC corrected variance (Bartlett kernel)                  15131893


KPSS Test Equation
Dependent Variable: D3
Method: Least Squares
Date: 03/31/14   Time: 11:52
Sample: 1 365
Included observations: 365

                Coefficient   Std. Error   t-Statistic   Prob.

C               9527.301      137.2135     69.43415      0.0000
@TREND(1)       1.878658      0.652466     2.879319      0.0042

R-squared           0.022329   Mean dependent var      9869.216
Adjusted R-squared  0.019636   S.D. dependent var      1326.512
S.E. of regression  1313.424   Akaike info criterion   17.20413
Sum squared resid   6.26E+08   Schwarz criterion       17.22550
Log likelihood      -3137.753  Hannan-Quinn criter.    17.21262
F-statistic         8.290479   Durbin-Watson stat      0.473108
Prob(F-statistic)   0.004222
```

图 4 - 8　平稳性检验结果（KPSS 检验）

根据序列长度，本书考察了 p，q ∈ [1，15] 不同组合下的 AIC 信息值，表 4 - 4 截选了部分组合下的 AIC 结果。其结果表明，最佳模型阶数为 p = 3、q = 5，即 ARIMA(3，0，5)。

利用已确定模型 ARIMA(3，0，5) 对 3#日供水量进行预测，其中前 290 天数据作为训练集，后 65 天数据（即第 301 天至第 365 天数据）作为测试集，预测结果见图 4 - 9。从图 4 - 9 可以看出，ARIMA 模型较好的跟踪了测试集序列的趋势变化情况，但局部个体误差较大，尤其是在第 330 天之后。

表 4 – 4　　　　　　　　3#日供水量 AIC 检验结果

序号	p	q	AIC	序号	p	q	AIC
1	1	1	13.4484	29	2	14	13.4663
2	1	2	13.4396	30	2	15	13.4505
3	1	3	13.4369	31	3	1	13.4410
4	1	4	13.4418	32	3	2	13.4457
5	1	5	13.4423	33	3	3	13.4489
6	1	6	13.4474	34	3	4	13.4455
7	1	7	13.4508	**35**	**3**	**5**	**13.4252**
8	1	8	13.4563	36	3	6	13.4307
9	1	9	13.4588	37	3	7	13.4363
10	1	10	13.4575	38	3	8	13.4421
11	1	11	13.4619	39	3	9	13.4597
12	1	12	13.4676	40	3	10	13.4338
13	1	13	13.4716	41	3	11	13.4445
14	1	14	13.4627	42	3	12	13.4460
15	1	15	13.4409	43	3	13	13.4502
16	2	1	13.4328	44	3	14	13.4542
17	2	2	13.4382	45	3	15	13.4564
18	2	3	13.4405	46	4	1	13.4490
19	2	4	13.4461	47	4	2	13.4526
20	2	5	13.4477	48	4	3	13.4455
21	2	6	13.4505	49	4	4	13.4326
22	2	7	13.4561	50	4	5	13.4336
23	2	8	13.4616	51	4	6	13.4393
24	2	9	13.4666	52	4	7	13.4362
25	2	10	13.4619	53	4	8	13.4497
26	2	11	13.4676	54	4	9	13.4641
27	2	12	13.4724	55	4	10	13.4288
28	2	13	13.4753	56	4	11	13.4503

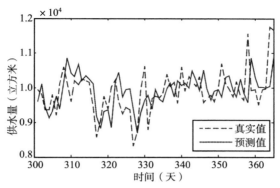

图 4 - 9　3#日供水量 ARIMA 模型预测结果

（5）3#月供水量时间序列

图 4 - 10 表示了 3#月供水量时间序列的 KPSS 方法平稳性检验结果，3#月供水量时间序列 LM 统计量均小于 1%、5% 和 10% 水平，说明 KPSS 检验假设成立，即 3#日供水量时间序列是平稳的（$d = 0$）。

```
Null Hypothesis: M3 is stationary
Exogenous: Constant, Linear Trend
Bandwidth: 5 (Newey-West using Bartlett kernel)

                                                        LM-Stat.

Kwiatkowski-Phillips-Schmidt-Shin test statistic         0.070852
Asymptotic critical values*:        1% level             0.216000
                                    5% level             0.146000
                                    10% level            0.119000

*Kwiatkowski-Phillips-Schmidt-Shin (1992, Table 1)


Residual variance (no correction)                        5.42E+08
HAC corrected variance (Bartlett kernel)                 1.29E+09


KPSS Test Equation
Dependent Variable: M3
Method: Least Squares
Date: 03/31/14   Time: 12:28
Sample: 1 84
Included observations: 84

                Coefficient   Std. Error   t-Statistic    Prob.

C               193340.2      5097.512     37.92834       0.0000
@TREND(1)       1912.684      106.0563     18.03461       0.0000

R-squared            0.798648   Mean dependent var      272716.5
Adjusted R-squared   0.796192   S.D. dependent var      52206.43
S.E. of regression   23568.62   Akaike info criterion   22.99674
Sum squared resid    4.55E+10   Schwarz criterion       23.05462
Log likelihood       -963.8631  Hannan-Quinn criter.    23.02001
F-statistic          325.2470   Durbin-Watson stat      0.615983
Prob(F-statistic)    0.000000
```

图 4 - 10　平稳性检验结果（KPSS 检验）

根据序列长度，本书考察了 p，q∈[1，5] 不同组合下的 AIC 信息值，结果见表 4 – 5。其结果表明，最佳模型阶数为 p = 5、q = 5，即 ARIMA(5，0，5)。

表 4 – 5　　　　　　　　　3#月供水量 AIC 检验结果

序号	p	q	AIC	序号	p	q	AIC
1	1	1	19.5115	14	3	4	19.1614
2	1	2	19.4817	15	3	5	19.1615
3	1	3	19.4405	16	4	1	19.1774
4	1	4	19.4694	17	4	2	18.9669
5	1	5	19.4321	18	4	3	19.1737
6	2	1	19.3678	19	4	4	19.1209
7	2	2	19.0954	20	4	5	19.1075
8	2	3	19.1011	21	5	1	19.2147
9	2	4	19.1182	22	5	2	19.2319
10	2	5	19.1270	23	5	3	19.1839
11	3	1	19.2948	24	5	4	19.1227
12	3	2	19.1071	**25**	**5**	**5**	**18.9502**
13	3	3	19.1375				

利用已确定模型 ARIMA（5，0，5）对 3#月供水量进行预测，其中前 72 个月数据作为训练集，后 12 个月数据（即第 73 个月至第 84 个月数据）作为测试集，预测结果见图 4 – 11。从图 4 – 11 可以看出，ARIMA 模型大致跟踪了测试集序列的趋势变化情况，但波动变化拟合效果较差。这是由于训练集样本较少，对趋势变化特性学习程度不足导致的。

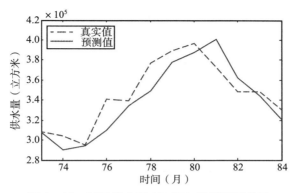

图 4 – 11　3#月供水量 ARIMA 模型预测结果

综上结果看出，ARIMA 建模简单，趋势拟合效果较好，但对于个体突变情况、较长时间长度预测的效果较差。

4.2　误差反向传播神经网络模型

误差反向传播神经网络（Back Propagation Neural Network，BPNN）是由鲁梅哈特等[177]于 1986 年提出的，是一种按误差反向传播训练的多层前馈网络，是目前广泛应用的神经网络模型之一。BP 神经网络根据不同训练数据集可以训练、学习和生成不同的输入—输出模式映射关系，而无须考虑数据序列的内在映射关系，也不需要提取具体的映射关系的数学表达式。它的学习模式是利用最速下降法，通过反向传播来不断调整网络的权值和阈值，使构造的网络映射误差平方和最小[178]。

4.2.1　模型原理

BP 神经网络模型的拓扑结构包含三个层次：输入层、隐含层和输出层。每一层都由若干个神经元组成，同一层的单元之间没有关联，隐含层单元分别与输入层单元和输出层单元之间通过相对应的传递速度（或强度）逐个相互连接，且依照一定的传送方向（信号只能由低层单元传输到高层单元）进行传导。BPNN 结构和各单元传输过程见图 4 - 12。

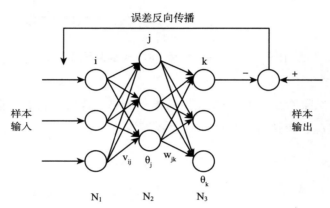

图 4 - 12　BP 神经网络结构示意图

根据图 4 - 12 所示，分别给出隐含层、输出层的数学表达式，分别为式（4 - 8）和式（4 - 9）：

$$y_i = f(\sum v_{ij} x_i) \qquad (4 - 8)$$

$$O_k = f(\sum w_{jk} y_i) \qquad (4 - 9)$$

式中，v 和 w 分别代表输入层到隐含层的权值矩阵和隐含层到输出层的权值矩阵。

BP 神经网络模型采用误差反馈学习算法，整个过程包含两个部分，即数据信息的正向传播和模型误差的反向传播。其学习算法的实现过程就是通过向后传播误差，利用新信息来修正误差，同时不断调节网络结构参数（权值、阈值），以达到符合期望的输入—输出映射关系的目的。最速下降法修改权系数的主要过程如下：

$$\Delta w_{jk} = -\eta \frac{\partial e}{\partial w_{jk}} \quad 0 < \eta < 1 \qquad (4-10)$$

式（4-10）中，$e = 0.5 \sum (x_i - \hat{x}_i)^2$ 为最小均方误差。因为：

$$\frac{\partial e}{\partial w_{jk}} = \frac{\partial e}{\partial (v_{ij}x_i)} \cdot \frac{\partial (v_{ij}x_i)}{\partial w_{jk}} = \frac{\partial e}{\partial (v_{ij}x_i)} \cdot x_i^{K-1} = d_i^K x_i^{K-1} \quad (4-11)$$

所以：

$$\Delta w_{jk} = -\eta d_i^K x_i^{K-1} \qquad (4-12)$$

式（4-12）中，d 代表误差梯度，K 代表神经网络层数［K = (i, j, k)］。

BP 神经网络核心思路[178]为：将指定的输入学习样本和对应的输出样本输入网络中，在网络正向运算过程中，训练样本从输入层经隐含层各层逐一完成学习并向输出层正向传播，而在传播过程中当前层的神经元信息只会对其对应的下一层神经元信息产生影响。根据网络学习后的模型输出与期望输出进行比较，然后将比较结果（误差）进行反向传播，通过这种形式的反馈信息不断地调节网络权值和阈值，最终停止运算必须使模型输出值与期望值的误差平方和最小（实际输出无限逼近期望输出），或学习次数达到最大学习次数。在这一过程中，每一次反向传播的误差与权值和阈值的变化成正比，并以反向传播的方式传导到每一层。这就是 BP 神经网络学习、训练的目的和详细过程。

虽然 BP 网络得到了广泛的应用，但自身也存在一些缺陷和不足，主要包括以下几个方面的问题。

①网络学习速率是初始设定的，可能导致网络的学习、收敛速度较慢，所花费的学习时间较长。特别是对于一些复杂时间序列，BP 算法需要的训练时间可能更长，所以学习速率太小限制了 BP 网络的应用。对于这个问题，可采用变化的学习速率或自适应的学习速率加以改进。

②BP 算法可能陷入局部最优。通过网络学习、误差反向传播等

过程，可以使权值收敛，但无法保证收敛后的权值为全局最小。这个现象是由网络学习模式决定的（梯度下降法可能导致生成局部最小值）。对于这个问题，可以采用附加动量法来解决。

③网络隐含层的层数选择尚无理论上的指导和依据，一般是根据经验或者通过试差法来确定的。因此，网络学习过程中存在很大的数据冗余，在一定程度上大大增加了网络学习的负担。目前，主要通过经验公式和试差法来确定隐含层[179]，式（4-13）使用最多：

$$\text{hiddenlayers} = \sqrt{n+1} + a \quad (0 \leqslant a \leqslant 10) \qquad (4-13)$$

④网络的学习和记忆功能不稳定。换句话说，如果学习样本增多，以前训练好的网络就必须重新开始训练，这就意味着以前训练好的权值和阈值是没有记忆的（再利用）。但是为了节省网络学习量，可以将之前预测或分类表现较好的权值进行提前保存。

4.2.2 建模步骤

对于具有混沌特性的供水量时间序列，BP神经网络模型建模步骤如下。

第一步，对供水量时间序列进行混沌识别，确定嵌入维数 m 和延迟时间 τ，随后重构水文系统相空间，模型输入向量是 $x(n)$，$x(n-\tau)$，$\cdots$，$x(n-(m-1)\tau)$，期望响应为 $x(n+1)$。

第二步，初始化网络参数，包括权值、误差、计算精度和学习次数。

第三步，输入—输出数据归一化，令：

$$\text{data'} = \frac{\text{data} - \text{data}_{\min}}{\text{data}_{\max} - \text{data}_{\min}} \qquad (4-14)$$

式（4-14）中，下标 min 和 max 分别代表供水量时间序列的最小值和最大值。

第四步，根据式（4-13）计算隐含层，并分别代入不同的隐含层进行模型网络训练。

第五步，利用交叉验证方法，不断调整网络结构，得到最终误差结果。交叉验证（Cross Validation，CV）常用于建模应用中，主要目的是为了得到可靠稳定的模型结构。在给定的建模样本中，拿出大部分样本进行建模，留小部分样本用刚建立的模型进行预报，并求这小部分样本的预报误差，记录它们的平方和。选择误差值最小的一次所对应的结构作为 BP 神经网络的最佳隐含节点。

第六步，判断网络误差是否满足要求，以训练后数值与真实值均方误差为评判指标。当误差达到预设精度或学习次数大于设定的最大次数时，则结束训练。否则，选取下一个学习样本及对应的期望输出，返回到第三步，进入下一轮学习。

第七步，利用第六步得到的最佳网络结构对供水量时间序列进行下一步预测。

综上所述，BPNN 建模步骤见图 4 – 13。

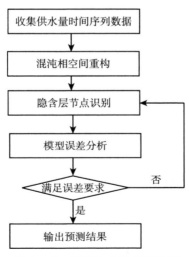

图 4 – 13　BPNN 建模步骤流程

4.2.3　模型预测结果

根据建模步骤，以下分别给出 1# ~ 3#五种不同供水量时间序列的 BPNN 模型预测结果。BPNN 算法编写和运行均在 Matlab 2011 环境中执行，各时间序列的建模参数见表 4 - 6。其中输入—输出结构由第 2 章混沌相空间重构方法确定。

表 4 - 6　　　　　　　　　　BPNN 算法参数设计

序列编号	训练集	测试集	输入输出结构	设计隐含层范围
1#日供水量	1 ~ 300	301 ~ 365	输入 5，输出 1，延迟 7	3 ~ 13
1#月供水量	1 ~ 30	31 ~ 36	输入 2，输出 1，延迟 2	2 ~ 12
2#日供水量	1 ~ 150	151 ~ 182	输入 3，输出 1，延迟 5	2 ~ 12
3#日供水量	1 ~ 300	301 ~ 365	输入 4，输出 1，延迟 4	3 ~ 13
3#月供水量	1 ~ 72	73 ~ 84	输入 3，输出 1，延迟 4	2 ~ 12

根据以上设计，各时间序列不同隐含层的 BPNN 算法独立运行 20 次，取平均值作为最终结果来确定模型隐含层。其中选择依据为平均绝对误差（MAE）、平均绝对百分比误差（MAPE）、标准相对均方根误差（NRMSE），介绍见式（4 - 4）。BPNN 算法计算参数设计如下：隐含层和输出层激活函数均为"sigm"，学习速率为 0.05，最大迭代次数为 200，误差目标为 0.0001。

（1）1#日供水量时间序列

根据表 4 - 7，隐含层节点为 8 时各评价指标为最佳（MAE，MAPE，NRMSE 最小），所以 1#日供水量时间序列最终预测模型结构为输入—隐含—输出：5—8—1。

表4-7 1#日供水量不同隐含层建模结果

隐含层层数	MAE	MAPE	NRMSE	隐含层层数	MAE	MAPE	NRMSE
3	5931.624	2.889	0.0358	9	5931.894	2.878	0.0353
4	6071.005	2.910	0.0367	10	6878.197	3.334	0.0409
5	6122.509	2.992	0.0379	11	5860.484	2.831	0.0362
6	6057.781	2.931	0.0371	12	6485.492	3.150	0.0417
7	5960.793	2.899	0.0359	13	7494.923	3.626	0.0471
8	**5705.223**	**2.767**	**0.0350**				

利用此结构，BPNN 预测结果见图4-14。图中显示 BPNN 模型大致跟踪了测试集序列的趋势变化情况，但突变值（峰值）的拟合效果一般，有一定的偏差。

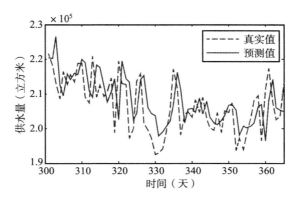

图4-14 1#日供水量 BPNN 模型预测结果

（2）1#月供水量时间序列

根据表4-8，隐含层为6时各评价指标为最佳（MAE，MAPE，NRMSE 最小），所以1#月供水量时间序列最终预测模型结构为输入—隐含—输出：2—6—1。

表 4 – 8　　　　　　　　1#月供水量不同隐含层建模结果

隐含层层数	MAE	MAPE	NRMSE	隐含层层数	MAE	MAPE	NRMSE
2	268999.8	3.805	0.0448	8	650394.6	9.512	0.115
3	233502.6	3.281	0.0427	9	112682.1	1.625	0.0214
4	204175.9	2.879	0.0373	10	321999.6	4.719	0.0575
5	439338.5	6.330	0.0760	11	592260.3	8.560	0.115
6	**99839.94**	**1.420**	**0.0194**	12	650564.7	9.301	0.115
7	395549	5.677	0.0732				

　　根据表 4 – 8 确定的 BPNN 模型结构，预测结果见图 4 – 15，趋势效果拟合较好，由于建模数据较少，导致拐点出现偏移。

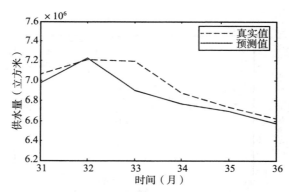

图 4 – 15　1#月供水量 BPNN 模型预测结果

（3）2#日供水量时间序列

　　根据表 4 – 9，隐含层为 4 时各评价指标为最佳（MAE，MAPE，NRMSE 最小），所以 2#日供水量时间序列最终预测模型结构为输入—隐含—输出：3—4—1。

表4-9 2#日供水量不同隐含层建模结果

隐含层层数	MAE	MAPE	NRMSE	隐含层层数	MAE	MAPE	NRMSE
2	3175.285	4.975	0.0606	8	3737.881	5.891	0.0767
3	3183.247	4.997	0.0610	9	3533.613	5.562	0.0701
4	**3131.087**	**4.929**	**0.0593**	10	3619.194	5.722	0.0723
5	3453.450	5.435	0.0678	11	3596.951	5.678	0.0724
6	3581.399	5.631	0.0689	12	4995.893	7.877	0.1030
7	3818.283	6.008	0.0776				

利用此结构，BPNN 预测结果见图4-16。图中显示 BPNN 模型整体预测趋势与测试集真实趋势大致相同，但具体数值出现了整体偏移。

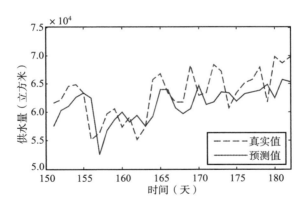

图4-16 2#日供水量 BPNN 模型预测结果

（4）3#日供水量时间序列

根据表4-10，隐含层为8时各评价指标为最佳（MAE，MAPE，NRMSE 最小），所以3#日供水量时间序列最终预测模型结构为输入—隐含—输出：4—8—1。利用此结构，BPNN 预测结果见图4-17。图中显示 BPNN 模型大致跟踪了测试集序列的趋势变化情况，但个体偏移较大，尤其在预测后期出现较大的误差。从图 4 – 17 可以看出 BPNN 模型对突变拟合效果一般，训练过程仍需要补充数据信息来修正模型精度。

表 4 – 10　　　　　　　　　3#日供水量不同隐含层建模结果

隐含层层数	MAE	MAPE	NRMSE	隐含层层数	MAE	MAPE	NRMSE
3	449. 716	4. 515	0. 0600	9	537. 340	5. 447	0. 0689
4	452. 312	4. 581	0. 0592	10	457. 218	4. 635	0. 0628
5	537. 146	5. 474	0. 0701	11	515. 670	5. 219	0. 0692
6	488. 250	4. 997	0. 0671	12	579. 264	5. 920	0. 0739
7	457. 253	4. 633	0. 0623	13	615. 419	6. 272	0. 0780
8	**444. 693**	**4. 480**	**0. 0586**				

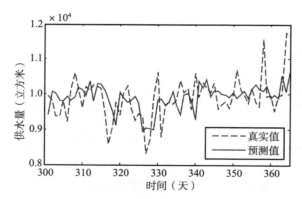

图 4 – 17　3#日供水量 BPNN 模型预测结果

（5）3#月供水量时间序列

根据表 4 – 11，隐含层为 3 时各评价指标为最佳（MAE，MAPE，NRMSE 最小），所以 3#日供水量时间序列最终预测模型结构为输入—

隐含—输出：3—3—1。

表 4 - 11　　　　　　　　3#月供水量不同隐含层建模结果

隐含层层数	MAE	MAPE	NRMSE	隐含层层数	MAE	MAPE	NRMSE
2	14228. 228	4. 087	0. 0476	8	26691. 152	7. 738	0. 0865
3	**12266. 816**	**3. 521**	**0. 0430**	9	17074. 955	4. 900	0. 0641
4	20388. 350	5. 919	0. 0653	10	38692. 501	10. 850	0. 1310
5	21299. 062	5. 980	0. 0737	11	28149. 059	8. 226	0. 0981
6	16336. 830	4. 792	0. 0568	12	48063. 483	14. 183	0. 1680
7	17520. 314	5. 111	0. 0633				

利用此结构，BPNN 预测结果见图 4 - 18。图中显示 BPNN 模型大致跟踪了测试集序列的趋势变化情况，但对突变的拟合较差。

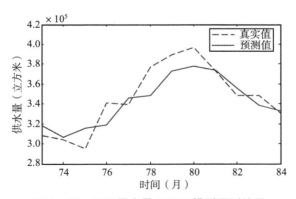

图 4 - 18　3#月供水量 BPNN 模型预测结果

综上所述，与 ARIMA 相比，BPNN 建模复杂度一般，但对隐含层的确定仍处于试差阶段（尚无理论确定方法），自适应能力较差。趋势拟合效果较好，但预测能力随预测长度的增加而降低，并且对突变拟合效果一般。

4.3 自适应模糊神经网络模型

罗杰（张智星）在 1993 年提出一种自适应模糊神经网络模型（Adaptive Neural Fuzzy Inference System，ANFIS）[180]，是一种基于 Takagi – Sugeno 模型[181]的模糊推理系统，它将模糊控制的模糊化、模糊推理和反模糊化三个基本过程全部用神经网络来实现，利用神经网络的学习机制自动从输入和输出样本数据中提取规律，构成自适应神经模糊控制器。

模糊理论和神经网络是近几年来人工智能技术研究较为活跃的两个领域。人工神经网络具有较强的自学习和联想功能，人工干预少，精度较高，对专家知识的利用也较好。但缺点是它不能处理和描述模糊信息，不能很好利用已有的经验知识，特别是学习及问题的求解具有黑箱的特性，其工作不具有可解释性，同时它对样本的要求较高；模糊系统相对于神经网络而言，具有推理过程容易理解、专家知识利用较好、对样本的要求较低等优点，但它同时又存在人工干预多、推理速度慢、精度较低等缺点，很难实现自适应学习的功能，而且如何自动生成和调整隶属度函数和模糊规则，是一个棘手的问题。

ANFIS 中的模糊隶属度函数及模糊规则的建立是通过对大量已知数据的学习而得到的，并不是基于经验或直觉任意给定的。ANFIS 是模糊理论和神经网络相结合的产物，它汇集了神经网络与模糊理论的优点，集学习、联想、识别、信息处理于一体，对于那些特性还未完全被人们了解或特性非常复杂的系统（例如供水系统）显得尤为实用。

4.3.1　模型原理

为简单起见，假定一个包括两个输入（X_1，X_2）和一个输出（Y）的模糊推理系统，满足 IF – THEN 规则[182]

$$\begin{cases} \text{If } X_1 \text{ is } A_1 \text{ and } X_2 \text{ is } B_1,\ \text{then } f_1 = p_1 X_1 + q_1 X_2 + r_1 \\ \text{If } X_1 \text{ is } A_2 \text{ and } X_2 \text{ is } B_2,\ \text{then } f_2 = p_2 X_1 + q_2 X_2 + r_2 \end{cases} \qquad (4-15)$$

式（4-15）中，A_m，$B_m(m=1,2)$ 是特性标识（例如高、中、低等），p_m、q_m 和 r_m 是 Sugeno 模糊模型 $[f(\cdot)]$ 的线性参数。ANFIS 的模型结构示意图见图 4-19。

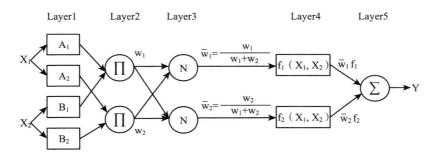

图 4-19　ANFIS 结构示意图

从图 4-19 可以看出，ANFIS 包括五层结构：

Layer 1：本层节点将输入数据模糊化

$$O_{1,m} = \mu_{A_m}(X_1),\ \text{for } m = 1,2;\ \text{or}$$

$$O_{1,m} = \mu_{B_{m-2}}(X_2),\ \text{for } m = 3,4 \qquad (4-16)$$

式（4-16）中，$O_{1,m}$ 表示第一层第 m 个节点的输出，μ_A 和 μ_B 是模糊集的隶属度函数。其中具有代表性的函数为高斯函数，所以本书主要研究高斯隶属度函数的应用。式（4-17）为高斯隶属度函数的表达式：

$$\mu_{A_m} = \exp\left(\frac{-(X_1 - \delta_m)^2}{2\sigma_m^2}\right)$$

$$\mu_{B_m} = \exp\left(\frac{-(X_2 - \delta_m)^2}{2\sigma_m^2}\right) \qquad (4-17)$$

式（4-17）中，$\{\delta_m, \sigma_m\}$ 代表前提参数组，可以改变隶属度函数的形状。

Layer 2：本层节点用于计算各条规则的适用度 w

$$O_{2,m} = w_m = \mu_{A_m}(X_1)\mu_{B_m}(X_2) \qquad (4-18)$$

式（4-18）中，$O_{2,m}$ 表示第二层第 m 个节点的输出。

Layer 3：本层节点将各条规则适用度归一化

$$O_{3,m} = \overline{w}_m = \frac{w_m}{\sum w_m} \qquad (4-19)$$

式（4-19）中，$O_{3,m}$ 表示第三层第 m 个节点的输出。

Layer 4：本层节点计算各规则

$$O_{4,m} = \overline{w}_m f_m = \overline{w}_m(p_m X_1 + q_m X_2 + r_m) \qquad (4-20)$$

式（4-20）中，$O_{4,m}$ 表示第四层第 m 个节点的输出。当 $r_m = 0$ 时，则 $f_m(\cdot)$ 为零阶模糊模型；当 $r_m \neq 0$ 时，则 $f_m(\cdot)$ 为一阶模糊模型。

Layer 5：本层为单节点，通过去模糊化，计算系统的总输出

$$O_{5,m} = y_1 = \sum_m \overline{w}_m f_m = \frac{\sum_m w_m f_m}{\sum_m w_m} \qquad (4-21)$$

本方法通常采用误差反向传递和最小二乘混合算法[180]来训练 ANFIS 的相关参数。此方法的具体操作见文献[182]。

4.3.2 建模步骤

对于具有混沌特性的供水量时间序列，ANFIS 模型建模步骤如下。

第一步，对供水量时间序列进行混沌识别，确定嵌入维数 m 和延迟时间 τ，随后重构水文系统相空间，模型输入向量是 $x(n)$，$x(n-\tau)$，…，$x(n-(m-1)\tau)$，期望响应为 $x(n+1)$。

第二步，确定输入—输出样本结构，并且归一化。

第三步，利用 Matlab 软件中 ANFIS 工具箱训练网络结构，评估各模型误差。具体操作步骤为：打开 Matlab 中 ANFIS 工具箱，在"Load data"项分别输入训练集和测试集数据，在"Generate FIS"选择 Sub. Clustering 并输入要考察的四个参数（range of influence，squash factor，accept ratio，reject ratio），然后在"Train FIS"中选择 hybrid 法来训练 FIS 网络，最后保存最佳模型结构。

第四步，选择最小误差的网络结构作为预测模型，进行下一步预测。

综上所述，ANFIS 建模步骤见图 4 - 20。

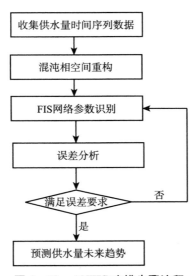

图 4 - 20 ANFIS 建模步骤流程

4.3.3　模型预测结果

根据建模步骤，以下分别给出 1#至 3#五种不同供水量时间序列的 ANFIS 模型预测结果（训练集和测试集设定及输入—输出结构见表 4－6）。ANFIS 模型有两种建模方式，即人工设定结构和减法聚类。人工模式完全依靠人的经验或者试差，随着输入变量数目的增加，隶属度函数个数呈现出指数级增长，极易造成维数灾难。减法聚类方法是一种自动生成结构算法，减少人为经验干扰，可较合理的获得模型结构，避免组合爆炸问题的产生。所以，本书采用减法聚类算法来确定 ANFIS 参数组合。由于混合算法确定的建模参数遵循两个要求：第一，要保证 MFs 至少有 2 个；第二，为了降低计算负担，MFs 不能太多，一般根据数据长度及输入结构适当选择。本书采用正交设计方式来对各参数组进行研究，对每个参数设定 3 个水平。

（1）1#日供水量时间序列

根据上述参数筛选原则，本书确定四组参数组合设定，即 range of influence ＝［0.4，0.5，0.6］，squash factor ＝［1，1.25，1.5］，accept ratio ＝［0.4，0.5，0.6］，reject ratio ＝［0.1，0.15，0.2］。另外，ANFIS 模型与 BPNN 模型一样存在训练过拟合问题，即过于追求训练的目标误差最小，而造成模拟网络丢失特性概括、提取和预测能力。因此，根据预实验结果，本书训练次数选为 40 次。表 4－12 展示了正交设计建模结果。

根据表 4－12 所示，M8 结构预测结果最好（MAE，MAPE，NRMSE 最小）。利用此结构，ANFIS 预测结果见图 4－21。图中显示 ANFIS 模型不仅跟踪了测试集序列的趋势变化情况，也较为优秀的展示了模型对于突变数据的拟合能力。

表 4 - 12   1#日供水量不同参数组合建模结果

（参数组合 [0.4, 0.5, 0.6]；[1, 1.25, 1.5]；[0.4, 0.5, 0.6]；[0.1, 0.15, 0.2]）

模型	模型结构参数组合	MFs 数量	MAE	MAPE	NRMSE
M1	[0.4, 1, 0.4, 0.1]	11	5857.134	2.843	0.0369
M2	[0.4, 1.25, 0.5, 0.15]	5	6018.955	2.910	0.0385
M3	[0.4, 1.5, 0.6, 0.2]	3	5529.738	2.693	0.0319
M4	[0.5, 1, 0.5, 0.2]	4	6101.607	2.967	0.0382
M5	[0.5, 1.25, 0.6, 0.1]	3	5571.190	2.707	0.0320
M6	[0.5, 1.5, 0.4, 0.15]	2	5662.676	2.748	0.0326
M7	[0.6, 1, 0.6, 0.15]	3	5645.721	2.743	0.0347
M8	**[0.6, 1.25, 0.4, 0.2]**	**3**	**5525.655**	**2.694**	**0.0341**
M9	[0.6, 1.5, 0.5, 0.1]	2	5697.812	2.769	0.0351

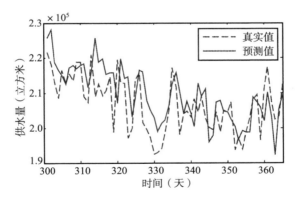

图 4 - 21   1#日供水量 ANFIS 模型预测结果

（2） 1#月供水量时间序列

此序列确定四组参数组合设定，即 range of influence = [0.5, 0.6, 0.7], squash factor = [1.25, 1.5, 1.75], accept ratio = [0.5, 0.6, 0.7], reject ratio = [0.15, 0.2, 0.25]。表 4 - 13 为正交设计建模结果。

表 4 – 13　　　　**1#月供水量不同参数组合建模结果**

（参数组合 [0.5, 0.6, 0.7]；[1.25, 1.5, 1.75]；[0.5, 0.6, 0.7]；[0.15, 0.2, 0.25]）

模型	模型结构参数组合	MFs 数量	MAE	MAPE	NRMSE
M1	[0.5, 1.25, 0.5, 0.15]	6	306108.8	4.327	0.0675
M2	[0.5, 1.5, 0.6, 0.2]	5	679680.9	9.887	0.114
M3	[0.5, 1.75, 0.7, 0.25]	3	581690.7	8.477	0.0989
M4	[0.6, 1.25, 0.6, 0.25]	4	423954.7	6.150	0.0760
M5	[0.6, 1.5, 0.7, 0.15]	4	327920.1	4.777	0.0540
M6	**[0.6, 1.75, 0.5, 0.2]**	**2**	**173462.0**	**2.443**	**0.0317**
M7	[0.7, 1.25, 0.7, 0.2]	4	566365.1	8.349	0.110
M8	[0.7, 1.5, 0.5, 0.25]	2	221829.6	3.138	0.0376
M9	[0.7, 1.75, 0.6, 0.15]	2	220730.1	3.124	0.0377

　　根据表 4 – 13 所示，M6 结构预测结果最好（MAE，MAPE，NRMSE 最小）。利用此结构，ANFIS 预测结果见图 4 – 22。图中显示 ANFIS 模型跟踪了测试集序列的趋势变化情况（随时间的推移，供水量有一个平缓的下降趋势），但是由于建模数据较少，导致预测值与真实值之间有一定的差异（在预测前半段较为明显）。

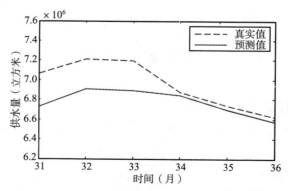

图 4 – 22　1#月供水量 ANFIS 模型预测结果

（3）2#日供水量时间序列

此序列确定四组参数组合设定，即 range of influence = [0.4, 0.45, 0.5]，squash factor = [0.75, 1, 1.25]，accept ratio = [0.4, 0.45, 0.5]，reject ratio = [0.05, 0.1, 0.15]。表 4 – 14 为正交设计建模结果。

表 4 – 14　　　　　　　2#日供水量不同参数组合建模结果

（参数组合 [0.4, 0.45, 0.5]；[0.75, 1, 1.25]；[0.4, 0.45, 0.5]；[0.05, 0.1, 0.15]）

模型	模型结构参数组合	MFs 数量	MAE	MAPE	NRMSE
M1	[0.4, 0.75, 0.4, 0.05]	10	3322.792	5.228	0.0649
M2	[0.4, 1, 0.45, 0.1]	6	3208.011	4.933	0.0616
M3	[0.4, 1.25, 0.5, 0.15]	3	3232.079	4.998	0.0618
M4	[0.45, 0.75, 0.45, 0.15]	6	3135.268	4.997	0.0614
M5	**[0.45, 1, 0.5, 0.05]**	**5**	**3132.152**	**4.915**	**0.0598**
M6	[0.45, 1.25, 0.4, 0.1]	3	3239.275	4.992	0.0620
M7	[0.5, 0.75, 0.5, 0.1]	4	3183.247	4.997	0.0610
M8	[0.5, 1, 0.4, 0.15]	2	3341.296	5.412	0.0673
M9	[0.5, 1.25, 0.45, 0.05]	4	3183.247	4.997	0.0610

根据表 4 – 14 所示，M5 结构预测结果最好（MAE，MAPE，NRMSE 最小）。利用此结构，ANFIS 预测结果见图 4 – 23。图中显示 ANFIS 模型跟踪了测试集序列的趋势变化情况，后期预测能力降低，出现较大偏移。

（4）3#日供水量时间序列

此序列确定四组参数组合设定，即 range of influence = [0.4, 0.5, 0.6]，squash factor = [1, 1.25, 1.5]，accept ratio = [0.4, 0.5, 0.6]，reject ratio = [0.1, 0.15, 0.2]。表 4 – 15 为正交设计建模结果。

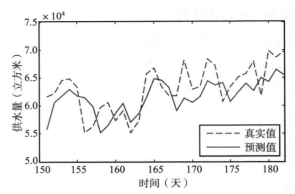

图 4 – 23 2#日供水量 ANFIS 模型预测结果

表 4 – 15   3#日供水量不同参数组合建模结果

（参数组合 [0.4, 0.5, 0.6]；[1, 1.25, 1.5]；[0.4, 0.5, 0.6]；[0.1, 0.15, 0.2]）

模型	模型结构参数组合	MFs 数量	MAE	MAPE	NRMSE
M1	[0.4, 1, 0.4, 0.1]	11	473.795	4.819	0.0632
M2	[0.4, 1.25, 0.5, 0.15]	4	439.012	4.435	0.0601
M3	**[0.4, 1.5, 0.6, 0.2]**	**3**	**437.708**	**4.420**	**0.0589**
M4	[0.5, 1, 0.5, 0.2]	3	437.981	4.422	0.0588
M5	[0.5, 1.25, 0.6, 0.1]	4	438.777	4.432	0.0589
M6	[0.5, 1.5, 0.4, 0.15]	3	444.905	4.504	0.0608
M7	[0.6, 1, 0.6, 0.15]	3	444.905	4.504	0.0608
M8	[0.6, 1.25, 0.4, 0.2]	3	440.289	4.451	0.0602
M9	[0.6, 1.5, 0.5, 0.1]	3	439.266	4.446	0.0600

　　根据表 4 – 15 所示，M3 结构预测结果最好（MAE，MAPE，NRMSE 最小）。利用此结构，ANFIS 预测结果见图 4 – 24。图中显示 ANFIS 模型不仅跟踪了测试集序列的趋势变化情况，而且较好地拟合了整个测试集的波动（峰值、峰谷）情况，表现出良好的随机预测性能。

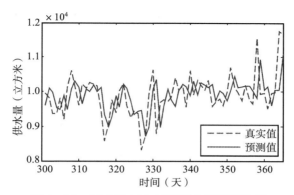

图 4 - 24　3#日供水量 ANFIS 模型预测结果

（5）3#月供水量时间序列

此序列确定四组参数组合设定，即 range of influence = ［0.5，0.6，0.7］，squash factor = ［1.25，1.5，1.75］，accept ratio = ［0.4，0.5，0.6］，reject ratio = ［0.1，0.15，0.2］。表 4 - 16 为正交设计建模结果。

表 4 - 16　　　　　　　3#月供水量不同参数组合建模结果

（参数组合 ［0.5，0.6，0.7］；［1.25，1.5，1.75］；［0.4，0.5，0.6］；［0.1，0.15，0.2］）

模型	模型结构参数组合	MFs 数量	MAE	MAPE	NRMSE
M1	［0.5，1.25，0.4，0.1］	6	29355.746	8.499	0.101
M2	［0.5，1.5，0.5，0.15］	5	72444.381	20.367	0.233
M3	［0.5，1.75，0.6，0.2］	3	16087.538	4.517	0.0562
M4	［0.6，1.25，0.5，0.2］	4	27103.481	7.791	0.102
M5	［0.6，1.5，0.6，0.1］	5	75628.874	21.439	0.248
M6	**［0.6，1.75，0.4，0.15］**	**2**	**11013.538**	**3.290**	**0.0359**
M7	［0.7，1.25，0.6，0.15］	3	18488.681	5.238	0.0612
M8	［0.7，1.5，0.4，0.2］	2	12021.042	3.586	0.0390
M9	［0.7，1.75，0.5，0.1］	2	12084.673	3.641	0.0410

根据表 4 – 16 所示，M6 结构预测结果最好（MAE，MAPE，NRMSE 最小）。利用此结构，ANFIS 预测结果见图 4 – 25。图中显示 ANFIS 模型跟踪了测试集序列的趋势变化情况。

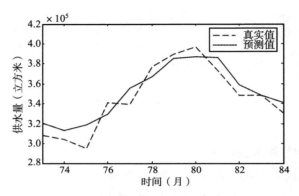

图 4 – 25　3#月供水量 ANFIS 模型预测结果

综上所述，ANFIS 建模复杂度较高，参数组合缺乏自适应调节能力。在建模数据较大的基础上，表现出良好的突变预测能力，应在实际应用中进行推广。

4.4　最小二乘支持向量回归模型

最小二乘支持向量回归模型（Least Square Support Vector Regression，LSSVR）是一种利用线性方程组来求解等式约束条件的支持向量机。由于 LSSVR 模型无须解决复杂的二次规划问题，直接用线性方法（最小二乘法）来求解约束条件，极大地降低了运算复杂度，具有求解方法简单直观，编程简易，且求解最优化计算时间较短等优点[183]。因此，LSSVR 在实际应用中受到格外关注。其结构示意图见图4-26。

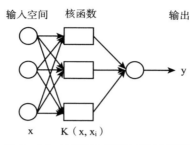

图4-26 LSSVR模型结构示意图

4.4.1 模型原理

支持向量机（SVM）是机器学习领域若干智能技术的集大成者。它集成了Mercer核、凸二次规划、稀疏解等多项技术。而LSSVR是SVM的一种改进算法，其损失函数不再只与小部分样本有关，而是取所有样本学习误差的二次项来控制风险；另外LSSVR将SVM算法中的目标约束形式由不等式转变为等式，同时将损失函数解决方式由二次规划方法换为最小二乘线性法，这样做大大降低了算法的计算复杂度，提高了问题的求解速度，很好地适用于许多工程应用的需要。

LSSVR保持了标准SVM模型适用于小样本、非线性、高维模式，以及良好的泛化能力等诸多优点，该方法的基本原理表述如下[184]。

训练数据的样本可表示为 $\{\mathbf{x}_i, \mathbf{y}_i\}_{i=1}^l$，$\mathbf{x}_i \in R^n$ 是第i个样本的输入变量，$\mathbf{y}_i \in R$ 是第i个样本的目标值，l为训练样本数。在特征空间（R^{nf}）中LSSVM模型可表示为：

$$\mathbf{y} = \boldsymbol{\omega}^T \varphi(\mathbf{x}) + \mathbf{b} \qquad (4-22)$$

式（4-22）中，$\varphi(.)$ 为非线性变换映射函数，将输入样本数据映射到高维特征空间（$R^n \rightarrow R^{nf}$）；$\boldsymbol{\omega} \in R^{nf}$为权向量；$\mathbf{b}$ 为偏置量。

最小二乘支持向量回归的目标函数可表示为：

$$\begin{cases} \min J(\boldsymbol{\omega}, \boldsymbol{\xi}) = \dfrac{1}{2}\boldsymbol{\omega}^T\boldsymbol{\omega} + \dfrac{\gamma}{2}\sum_{i=n+1}^{l}\xi_i^2 \\ \text{s. t. } \mathbf{y}_i = \boldsymbol{\omega}^T\varphi(\mathbf{x}_i) + \mathbf{b} + \xi_i \end{cases} \quad (4-23)$$

式（4-23）中，$\boldsymbol{\xi}$ 为误差变量；$\gamma > 0$ 为惩罚系数。

引入拉格朗日函数进行求解得到：

$$L(\boldsymbol{\omega}, \mathbf{b}, \boldsymbol{\xi}, \boldsymbol{\alpha}) = J(\boldsymbol{\omega}, \boldsymbol{\xi}) - \sum_{i=n+1}^{l}\alpha_i[\boldsymbol{\omega}^T\varphi(\mathbf{x}_i) + \mathbf{b} + \xi_i - \mathbf{y}_i]$$

$$(4-24)$$

式（4-24）中，α_i 为拉格朗日乘子。

根据 KKT 最优条件，依次计算：

$$\dfrac{\partial L}{\partial \boldsymbol{\omega}} = 0 \Rightarrow \boldsymbol{\omega} = \sum_{i=n+1}^{l}\alpha_i\varphi(\mathbf{x}_i), \dfrac{\partial L}{\partial \mathbf{b}} = 0 \Rightarrow \sum_{i=n+1}^{l}\alpha_i = 0, \dfrac{\partial L}{\partial \xi_i} = 0 \Rightarrow \alpha_i$$

$$= \gamma\xi_i, \dfrac{\partial L}{\partial \alpha_i} = 0 \Rightarrow \mathbf{y}_i = \boldsymbol{\omega}^T\varphi(\mathbf{x}_i) + \mathbf{b} + \xi_i \quad (4-25)$$

得到如下线性方程组：

$$\begin{bmatrix} 0 & \mathbf{q}^T \\ \mathbf{q} & \boldsymbol{\Omega} + \gamma^{-1}\mathbf{I} \end{bmatrix}\begin{bmatrix} \mathbf{b} \\ \boldsymbol{\alpha} \end{bmatrix} = \begin{bmatrix} 0 \\ \mathbf{y} \end{bmatrix} \quad (4-26)$$

式（4-26）中，$\boldsymbol{\Omega}_{ij} = \varphi(\mathbf{x}_i)^T\varphi(\mathbf{x}_j) = k(\mathbf{x}_i, \mathbf{x}_j)(j=i)$，$\mathbf{q}$ 为单位矩阵。

根据 Mercer 条件，核函数可写为：

$$k(\mathbf{x}_i, \mathbf{x}) = \varphi(\mathbf{x}_i)^T\varphi(\mathbf{x}) \quad (4-27)$$

由式（4-26）和式（4-27）联立求出 $\boldsymbol{\alpha}$ 和 $\mathbf{b}$ 后，可得到 LSS-VR 的非线性函数式：

$$\mathbf{y} = \sum_{i=1}^{l}\alpha_i k(\mathbf{x}, \mathbf{x}_i) + \mathbf{b} \quad (4-28)$$

式（4-27）中，$k(.)$ 取不同的核函数就生成不同的支持向量，目前研究和应用较多的核函数主要有径向基核函数（RBF）、多项式

核函数、线性核函数（RBF 的一个特例）、sigmoid 核函数（与 RBF
具有相似功能）等。

根据上述理论介绍可知，LSSVR 模型的预测效果与核函数选择有
密切关系。而试图对核函数的优化来获得好的核函数，方式又极其有
限，尤其是在训练样本数据较少的情况下。一些实验表明在分类中不
同的核函数能够产生同样的结果，但在回归中不同的核函数往往对拟
合结果有较大的影响。由于 RBF 具有较好的非线性映射能力、较少的
参数和普适性等优点，所以其具有更大的优势[185]。其表达式为：

$$k(\mathbf{x}_i,\ \mathbf{x}) = \varphi(\mathbf{x}_i)^{\mathrm{T}}\varphi(\mathbf{x}) = \exp\left[-\frac{\|\mathbf{x}-\mathbf{x}_i\|^2}{2\sigma^2}\right] \cdots\cdots \quad (4-29)$$

支持向量回归算法主要是通过升维后，在高维空间中构造线性决
策函数来实现线性回归。为适应训练样本集的非线性，传统的拟合方
法通常是在线性方程后面加高阶项。此法诚然有效，但由此增加的可
调参数未免增加了过拟合的风险。支持向量回归算法采用核函数来解
决这一矛盾，用核函数代替线性方程中的线性项可以使原来的线性算
法"非线性化"，即能做非线性回归。与此同时，引进核函数达到了
"升维"的目的，而增加的可调参数是过拟合依然能控制的。

4.4.2 建模步骤

对于具有混沌特性的供水量时间序列，LSSVR 模型建模步骤如下。

第一步，对供水量时间序列进行混沌识别，确定嵌入维数 m 和延
迟时间 τ，随后重构水文系统相空间，模型输入向量是 x(n)，x(n −
τ)，…，x(n − (m − 1)τ)，期望响应为 x(n + 1)。

第二步，数据归一化。

第三步，参数优化。本书采用 10 折交叉验证（10 − CV）的方
法[161]来进行参数优化。将训练集等分成 10 份，逐次将其中 9 份作为

训练数据集，1 份作为测试数据集，进行 10 次试验，将每次试验得到的正确率（或差错率）进行记录，10 次记录值做平均计算后作为对模型精度的最终估计。采用真实值与预测值的平均绝对误差来评估建模精度，具体见式（4 - 30）。

值得注意的是 10 - CV 一般要满足两个条件：第一，训练集的比例要足够多，一般大于一半；第二，训练集和测试集都要均匀抽样。

第四步，将通过 10 - CV 得到的参数代入模型结构中，建立预测模型。

第五步，利用已通过检验的模型进行预测。

综上所述，LSSVR 建模步骤见图 4 - 27：

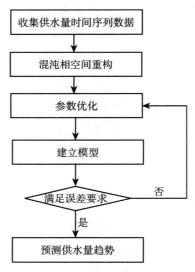

图 4 - 27　LSSVR 建模步骤流程

4.4.3　模型预测结果

根据建模步骤，以下分别给出 1# ~ 3#五种不同供水量时间序列的

LSSVR 模型预测结果（训练集和测试集设定及输入—输出结构见表 4－6）。由于 LSSVR 模型参数 γ 和 σ² 是由 10 – CV 法来确定，实现了自适应调节，所以无须对参数进行设定，即可直接通过误差评估实现预测结果的输出。五种时间序列的预测结果见图 4 – 28，其中（a）至（e）分别代表 1#日、1#月、2#日、3#日和 3#月供水量时间序列的预测结果。

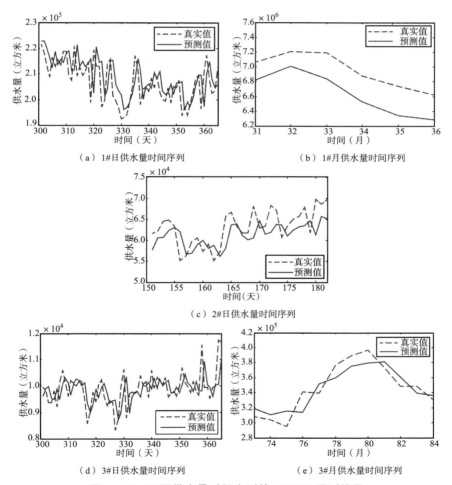

图 4 – 28　不同供水量时间序列的 LSSVR 预测结果

从图中可以看出，LSSVR 模型整体上可以跟踪测试集的趋势变化，在数据量较少的情况下，对供水量的变化规律揭示效果较差。另外，LSSVR 对日供水量的预测效果比月供水量效果好，这也进一步说明了月供水量的特性复杂性导致了预测模型的不完全表达能力。

4.5 模型预测比较

4.5.1 预测结果评价指标

本书采用以下三种指标来评估各模型预测效果：

平均绝对误差 MAE：是所有单个预测值与真实值偏差的绝对值的平均。与平均误差相比，平均绝对误差由于离差被绝对值化，不会出现正负相抵消的情况，因而平均绝对误差能更好地反映预测值误差的实际情况。

$$MAE = \frac{1}{N} \sum_{i=1}^{N} |x(i) - \hat{x}(i)| \qquad (4-30)$$

平均绝对百分比误差 MAPE：是绝对误差与真实值的比值的平均误差。一般用来评估回归问题中的预测精度。

$$MAPE = \frac{100}{N} \sum_{i=1}^{N} \left| \frac{x(i) - \hat{x}(i)}{x(i)} \right| \qquad (4-31)$$

标准均方根误差 NRMSE：是预测值与真实值之间的偏差的平方和的平方根，用来衡量预测值同真实值之间的偏差程度。为了消除数量级对误差评估的影响，将均方根误差进行标准化处理。

$$NRMSE = \frac{\sqrt{\sum_{i=1}^{N}(x(i) - \hat{x}(i))^2}}{\frac{\sum_{i=1}^{N}x(i)}{N}} \qquad (4-32)$$

式（4－30）至式（4－32）中，$\hat{x}(i)$ 代表第 i 天/月的预测值，N 代表时间序列长度。

4.5.2　实例分析环境

本书所有程序均在 Matlab 2011 环境中编译和运行，其中 ANFIS 算法直接利用 Matlab 中的 ANFIS 工具箱来实现，其他算法均由笔者编写。

4.5.3　1#日供水量预测结果分析

对比图 4－3（ARIMA）、图 4－14（BPNN）、图 4－21（ANFIS）和图 4－28（a）（LSSVR）：四种预测模型均可以追踪 1#日供水量序列的整体趋势变化，主要区别在于对供水量序列突变细节的拟合效果表现不同。对比可知，LSSVR 能够更加实时跟踪序列的趋势和突变情况。

根据式（4－30）至式（4－32），对四种不同预测模型进行定量评估，结果见表 4－17。

表 4－17　　　　　　　　不同预测模型的结果评估

模型	MAE	MAPE	NRMSE
ARIMA	6661.361	3.219	0.0395
BPNN	5705.223	2.767	0.0350
ANFIS	5525.655	2.694	0.0341
LSSVR	5539.748	2.692	0.0349

根据表 4－17 的定量评价结果可知，BPNN、ANFIS 和 LSSVR 的

三种指标均优于传统预测方法（ARIMA），MAE 降低了 956.138 立方米/天 ~ 1137.706 立方米/天，MAPE 精度提高了 0.452% ~ 0.527%，NRMSE 降低了 0.0045 ~ 0.0054，说明人工智能算法更适用于实际供水量预测，这是由于实际供水量的复杂特性交织在单一尺度下，使得传统预测方法更加难以去获取融合特性；并且这三种智能方法评价指标相差不大，说明从方法本身很难显著的去改进预测效果，需要进一步去分析数据、提取特性、改进模型。虽然 ANFIS 的三个评价指标最小，但是与 LSSVR 误差评估相差极小，从建模复杂度来说，LSSVR 较 ANFIS 简单，所以综合考虑评估，LSSVR 模型对 1#日供水量预测效果最好。

4.5.4　1#月供水量预测结果分析

对比图 4 - 5（ARIMA）、图 4 - 15（BPNN）、图 4 - 22（ANFIS）和图 4 - 28（b）（LSSVR）：LSSVR 模型跟踪 1#月供水量序列的趋势能力最强（虽然基线平移度较大，但完全实现了拟合月供水量的趋势变化），其次是 ARIMA、BPNN 和 ANFIS。这个案例中时间序列长度较短，造成了模型训练的不完全，所以整体预测效果较差，尤其是对 ANFIS 影响最大。从这个定性分析结果也体现出样本数量对预测模型的影响极大。

表 4 - 18 计算出不同模型对 1#月供水量时间序列的拟合效果。表 4 - 18 的定量评价展现了与定性分析完全不同的结果，即评价指标最好的是 BPNN，其次是 ARIMA 和 ANFIS，最差的是 LSSVR。LSSVR 模型预测误差 MAE 比其他三种模型降低了 138423.79 立方米/月 ~ 212045.85 立方米/月，MAPE 精度降低了 2.068% ~ 3.091%，NRMSE 降低了 0.0142 ~ 0.0265。这一结果体现出经典 BPNN 模型的适用能力。

表 4 – 18　　　　　　　　　　不同预测模型的结果评估

模型	MAE	MAPE	NRMSE
ARIMA	125927.08	1.813	0.0215
BPNN	99839.94	1.420	0.0194
ANFIS	173462.00	2.443	0.0317
LSSVR	311885.79	4.511	0.0459

综合对比，虽然 LSSVR 的三个评价指标最差，但由于月供水量变化中含有一些特性（如年度周期性），而结合图 4 – 28（b）的分析可以看出 LSSVR 抓住了这些特性变化；其他三种模型在这方面表现稍差，但整体预测效果比 LSSVR 模型好。所以，对于月供水量时间序列的预测结果不能单纯地考核模型评估结果，而应该将特性表征纳入模型拟合评估中。在第 7 章，笔者将会开展开专题研究。

4.5.5　2#日供水量预测结果分析

对比图 4 – 7（ARIMA）、图 4 – 16（BPNN）、图 4 – 23（ANFIS）和图 4 – 28（c）（LSSVR）：四种预测模型均可以追踪 2#日供水量序列的整体趋势变化，主要区别在于对供水量序列突变细节的拟合效果表现不同。对比可知，在数据样本量有足够保证的前提下，LSSVR 能够更加准确跟踪序列的趋势和突变情况（见表 4 – 19）。

表 4 – 19　　　　　　　　　　不同预测模型的结果评估

模型	MAE	MAPE	NRMSE
ARIMA	4004.698	6.404	0.0766
BPNN	3137.701	4.929	0.0602

续表

模型	MAE	MAPE	NRMSE
ANFIS	3132.152	4.915	0.0598
LSSVR	3131.087	4.906	0.0593

　　根据表4-19的定量评价结果可知，BPNN、ANFIS和LSSVR的三种指标均优于传统预测方法（ARIMA），MAE降低了866.997立方米/天~873.611立方米/天，MAPE精度提高了1.475%~1.498%，NRMSE降低了0.0164~0.0173，这说明人工智能算法的预测方法更适用于实际供水量预测；并且三种智能模型区别较小（以评估指标为依据，LSSVR模型评价效果最好，其次是ANFIS、BPNN），说明单纯依靠智能算法对日供水量序列进行趋势跟踪，无法从深层次上获得更加具体的特性信息。综合定性和定量研究对比可知，LSSVR模型对2#日供水量预测效果最好。

4.5.6　3#日供水量预测结果分析

　　对比图4-9（ARIMA）、图4-17（BPNN）、图4-24（ANFIS）和图4-28（d）（LSSVR）：LSSVR和ANFIS对3#日供水量序列的趋势变化规律跟踪能力最强，其次是ARIMA，BPNN相对较差（尤其是后期预测时段）。从这个实验定性分析可知，LSSVR模型对于日供水量时间序列预测能力较为稳定，对于其趋势变化、随机突变等表现出较强的拟合能力（见表4-20）。

表4-20　　　　　　　　　不同预测模型的结果评估

模型	MAE	MAPE	NRMSE
ARIMA	467.484	4.689	0.0612
BPNN	444.693	4.480	0.0586

模型	MAE	MAPE	NRMSE
ANFIS	437.708	4.420	0.0589
LSSVR	433.876	4.371	0.0589

根据表 4 - 20 的定量评价结果可知，四种模型评价指标虽然相差不大，但同样能够说明人工智能算法的预测方法更适用于实际供水量预测〔人工智能算法较 ARIMA 有较小的优势，即 ARIMA 与其他三种智能模型相比，MAE 相差 22.791 立方米/天～33.608 立方米/天，MAPE 精度相差 0.209% ～0.318%，NRMSE 相差 0.0023～0.0026〕。具体预测效果排名，LSSVR 模型评价效果最好，其次是 ANFIS、BPNN 和 ARIMA。

4.5.7 3#月供水量预测结果分析

对比图 4 - 11（ARIMA）、图 4 - 18（BPNN）、图 4 - 25（ANFIS）和图 4 - 28（e）（LSSVR）：由于建模数据较 1#月供水量序列多，所以四种预测模型追踪 3#月供水量序列的整体趋势变化效果较好，并且对供水量序列突变细节也有改善。同样的，整体预测指标也有所改善（见表 4 - 21）。

表 4 - 21 不同预测模型的结果评估

模型	MAE	MAPE	NRMSE
ARIMA	12809.243	3.616	0.0471
BPNN	12266.816	3.521	0.0430
ANFIS	11013.538	3.290	0.0359
LSSVR	13384.044	3.886	0.0422

根据表 4 – 21 的定量评价结果可知，预测效果排名，ANFIS 模型评价效果最好，然后是 BPNN 和 ARIMA，最后是 LSSVR。与 1# 月供水量时间序列预测结果相比，BPNN 预测误差有所提高，预测能力较为不稳定，其他模型预测效果有所提升。LSSVR 模型仍然在月供水量时间序列预测中表现不佳，预测误差 MAE 比其他三种模型降低了574.801 立方米/月 ~2370.506 立方米/月，MAPE 精度降低了 0.27% ~0.596%，而 NRMSE 优于 ARIMA 和 BPNN，说明预测值与真实值之间的偏差程度较小，整体预测趋势更加逼近真实值。

4.6　本章小结

本章从目前常用的供水量预测方法中选择了四种预测模型，作为本研究的建模基础，并对其理论和建模步骤进行了详细的介绍。通过实例分析可以得出，由于 BPNN、ANFIS 和 LSSVR 均具有非线性的空间映射能力，较传统预测方法（ARIMA）更适用于实际日供水量预测，其中 LSSVR 表现出最佳拟合能力；而月供水量序列含有年季周期性变化规律，导致各模型预测能力差异化，其中 LSSVR 模型表现欠佳（三种评价指标较差，但预测趋势曲线表现较好），所以在后续章节将对此类预测做专题研究。

第5章

日供水量多尺度最小二乘支持
向量回归预测模型研究

供水系统是一个开放、复杂的高度非线性系统，受天气情况、用水习惯、特殊时段（节假日）等多种因素的综合影响，日供水量时间序列表现出随机性、突变性、模糊性等多种不确定特性，对其未来发展变化的准确反映相当困难，预测结果往往与社会生产、居民生活等需水量有较大出入。而引入影响因素去建模，更增加了预测模型的不确定性，所以直接从日供水量时间序列本身入手，去挖掘多种因素耦合作用下的特性发展规律是目前较为常用的建模思路。但是，利用历史时间序列数据进行全局建模时，建模速度慢、特性学习不彻底、拟合效果一般，无法准确表现出时间序列的变化特性。因此，学者开始进行基于局部模型的预测方法的研究。研究表明[187-190]，基于局部建模的预测方法与基于全局建模的预测方法相比，具有更高的拟合精度。这是因为局部预测模型是将各种频率交织在一起所组成的混合信号分解成为不同频带上的信号块，即将供水量时间序列分别映射到不同的时间尺度上，而各个尺度上的数据信息可以近似地反映到各个频带分量上，这样各尺度上的子序列就分别代表了原序列在不同频率上的分量，可以最大限度地展示各序列的变化特性，将复杂特性转为单一性质来预测，从而使模型训练更具有针对性，减少模型对混合特性的全映射工作，提高预测精度。

基于以上观点，结合第 3 章预测模型对比结果，本章采用最小二乘支持向量机回归算法作为核心算法，建立了多尺度最小二乘支持向量回归（MS – LSSVR）的日供水量预测模型。首先介绍局部建模理论与方法，然后在研究不同日供水量时间序列进行变化规律分析的基础上，利用多尺度分析理论和实现方式，提出 MS – LSSVR 模型的框架及建模步骤，最后将 MS – LSSVR 模型用于三种不同规模自来水厂的日供水量预测，并与单尺度下（全局建模）各预测模型进行对比分析。

5.1 局部建模

相对于局部建模，首先对全局建模做个简单介绍。所谓全局建模法是将轨迹中的全部点（或独立维度信息）作为拟合对象，找出其规律即此预测轨迹的走向。这种方法在理论上是可行的，但由于实际数据总是有限的，以及相空间轨迹（单一维度下耦合信息）可能很复杂，从而不可能求出真正的映射（预测效果严重依赖时间序列长度）。以混沌系统为例，当嵌入维数较高时，重构相空间预测算法的预测精度会迅速下降。这是由于预测模型所需数据长度是随着嵌入维数的增加而增加。所以，在高维嵌入数的情况下，局部建模较为合适。

另外，全局建模是对历史数据信息的直接使用和特性跟踪，对于潜在的隐含在单一时间序列尺度下的特性学习表现不足，从而影响预测效果。即单一时间序列中包含了周期、趋势、随机等特性，同时也有一些噪声干扰，所有信息（有效、无效）均存在于一个时间序列中，对模型要求较高。所以，对复杂演化特性的时间序列，局部建模较为合适。

局部建模法则是从众多信息（状态）中选择出与预测需求相关的信息，利用学习算法对其进行特性学习，从而对趋势进行拟合。与全局建模相比，局部建模获得的趋势曲线具有更好的柔韧性，拟合速度更加迅速且预测精度较高。为了实现局部建模，许多智能技术应用到局部特性提取和分析过程中来。例如，桑慧茹等[191]采用主成分分析减少各影响因子之间的耦合共性特征，从而建立神经网络需水量预测模型。向平等[192]采用分段分析法，在研究时用水量影响因素与水量之间相关性的基础上，构建 BP 神经网络时用水量分段预测模型。笔者[193]利用小波技术，建立了基于小波分析的非平稳时间序列相关向量预测模型，成功对城市居民生活日需水量进行了预测。

本书主要研究对象为单一尺度的供水量时间序列，即单变量时间序列（仅与自身相关），在预测其趋势变化过程中，属于零阶局部建模，即利用混沌相空间前一状态来预测下一时刻状态变化。

5.2　日供水量变化规律分析

图 5 - 1 显示了 1#至 3#日供水量时间序列的年际变化规律，从图中可以看出：

①（a）中两年的日供水量变化规律一致，尤其是在第 150 天之后，日供水量变化系数较小，主要原因是此水厂服务范围内的用水客户量及种类变化不大（1#水厂位于重庆主城区，服务范围内流动人口变化小，供水客户定位具体、变化小）；供水最低量均出现在同一时期（即 2 ~ 3 月期间），主要原因是这一时期为中国春节，用水

大户——工业企业绝大部分处于放假关闭状态。此图说明了同一水厂的供水量，在用水客户和性质变化不大的情况下，年际变化规律基本一致，年际水量日变化系数较小。

②（b）中半年的日供水量变化规律与（a）中的一致，在第40天左右出现低谷值，其原因与①中分析一样（春节期间，工业企业放假停产），说明此水厂的服务功能与1#水厂一致，即生活用水和工业用水，并且供水配额与1#水厂也是一致的，则可以预见其后续阶段的日供水变化规律可以参照1#供水量时间序列来描述。另外，与（a）中显示一样，在春节过后，各用水单元恢复正常，用水量有一个陡峭的上升趋势，形成了明显峰低谷转峰高的巨变曲线。

③（c）中一年的日供水量变化规律与前两个水厂的不一样。由于3#水厂位于重庆市区县（非主城区），其所在地为旅游城市，工业企业较少，故供水量变化受旅游业（流动人口）影响较大。在6～8月旅游人数较多（当地气温较低，适于避暑，造成大量游客涌入该城市），用水量在全年最多；在2～3月期间有一个谷值，春节期间客流量较少（该地区用水主体），用水量减少。

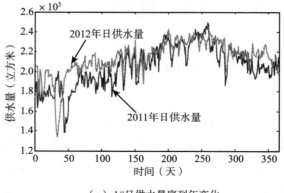

（a）1#日供水量序列年变化

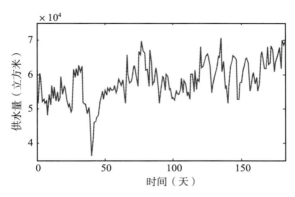

（b）2#日供水量序列年变化（半年）

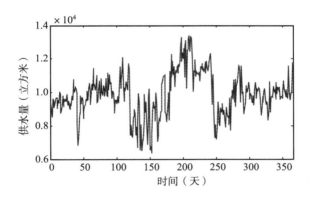

（c）3#日供水量序列年变化

图 5 - 1　日供水量时间序列变化规律

　　通过以上分析可以得出：不同的供水量时间序列具有相同或相似的变化趋势（共性特征），但在细节部分存在差异性。这种差异性是由用水结构、服务功能等各因素造成的，其影响了预测模型的细节模拟和跟踪能力，所以整体建模在此类问题的处理效果较不理想，使预测模型陷入了局部最优，而影响了全局预测效果。全局学习是以全局的方式描述建模数据变化规律，而局部学习是通过集中在某些数据的局部特性来建立学习系统。所以，为了突出日供水量时间序列的变化情况，本章节引入了局部建模的方法来提高预测模型的细节拟合能力，降低多重信息量对模型的干扰。

5.3　多尺度分析

5.3.1　基本概念

多尺度分析是小波函数通过二进平移和收缩来表示函数思想的一种表现形式，又称为多分辨分析[194]。通过从函数空间的角度研究函数的多尺度表示，多尺度分析能将一个函数分解为一个低频成分和多个不同尺度的高频成分[195]。其基本思想是用 $L^2(R)$ 的尺度空间 V_j 和小波空间 W_j 来表示 $L^2(R)$，各子空间的性质如下[196,197]：

尺度空间 V_j 具有递归嵌套关系，即 $V_j \subset V_{j+1}$，$\forall j \in Z$。若 $f(t) \in V_j$，则 $f(2t)$ 和所有的 $f(2t-k)$ 都属于 V_{j+1}。

小波空间 W_j 是尺度空间 V_j 和 V_{j+1} 的差，即 $V_j \oplus W_j = V_{j+1}$。它捕捉由尺度空间 V_j 逼近 V_{j+1} 时丢失的信息，其性质为 $V_0 \oplus W_0 \oplus W_1 \oplus \cdots \oplus W_j = V_{j+1}$。则对于 $f_{j+1}(t) \in V_{j+1}$，有：

$$f_{j+1}(t) = f_j(t) + d_j(t)$$
$$= f_{j-1}(t) + d_{j-1}(t) + d_j(t)$$
$$\vdots$$
$$= f_0(t) + d_0(t) + d_1(t) + \cdots + d_j(t) \tag{5-1}$$

式（5-1）中，$f_k(t) \in V_k$，$d_k(t) \in W_k$，$k \in [0, j]$。

基于以上对小波空间和尺度空间的描述，令 $\{V_j\}_{j \in Z}$ 为 $L^2(R)$ 中的一个函数子空间序列，若以下条件均成立：

136

$$\begin{cases} V_j \subset V_{j+1}, & \forall j \in Z \\ \bigcap_{j \in Z} V_j = \{0\}, & \overline{\bigcup_{j \in Z} V_j} = L^2(R) \\ f(t) \in V_j \leftrightarrow f(2t) \in V_{j+1}, & \forall j \in Z \\ f(t) \in V_0 \leftrightarrow f(t-k) \in V_0, & \forall j \in Z \end{cases} \qquad (5-2)$$

且存在函数 $\phi \in V_0$，使 $\{\phi(t-k)\}_{k \in Z}$ 构成 V_0 的一个 Riesz 基，对于任意的 $f(t) \in V_0$，总存在序列 $\{c_k\} \in l^2$，使得

$$\begin{cases} f(t) = \sum c_k \phi(t-k) \\ A\|f\|_2^2 \leqslant \sum |c_k|^2 \leqslant B\|f\|_2^2 \end{cases} \qquad (5-3)$$

式（5-3）中，A 和 B 为常数（$0 \leqslant A \leqslant B$），则称 ϕ 为尺度函数，称 ϕ 生成 $L^2(R)$ 的一个多尺度（分辨）分析 $\{V_j\}_{j \in Z}$。

多尺度分析偏向于处理整个函数集，而非重点处理局部个体函数，因此具有广泛的适用性。

5.3.2　小波变换

小波变换是近几年数据信号处理领域研究的热点。小波变换是采用改变时间窗口形状的方式，通过对母小波进行尺度伸缩和平移得到的子波对信号进行分解，在时间—尺度域内分析信号的一种时频分析方法[198]。它克服了短时傅立叶变换固定时窗、恒定分辨率的限制，所以具有多尺度分析的性质。小波变换满足 Heisenberg 测不准原理，时间和频率分辨率的识别矛盾得到了解决，使数据信号在高频显示出高的时间分辨率和低的频率分辨率，在低频显示出高的频率分辨率和低的时间分辨率[199]。小波变换的这种自适应特性，使其在工程技术和信号处理方面获得了广泛的应用。例如边界的处理与滤波、时频分析、信噪分离与提取弱信号、求分形指数、信号的识别与诊断，以及多尺度边缘检测等。

而多尺度分析技术的核心就是小波变换，即小波分解与重构。对于任意函数 $f(t) \in L^2(R)$，有：

$$f(t) = \sum c_k^2 \Psi_{j,k}(t) \qquad (5-4)$$

式（5-4）中，$f(t)$ 为母小波，$\Psi_{j,k}(t)$ 为分析小波。对式（5-4）两边取内积，可得：

$$f(t) = \sum \left[f, \Psi_{j,k} \right] \Psi_{j,k}(t) \qquad (5-5)$$

根据 5.3.1 介绍，对于任意 V_j 中的任意函数 f_j 都存在如下多尺度表示：

$$f_j = f_{j-1} + d_{j-1} = f_{j-2} + d_{j-2} + d_{j-1} = \cdots = f_M + d_M + d_{M+1}(t) + \cdots + d_{j-1}$$

$$(5-6)$$

其中：

$$\begin{cases} f_1(t) = \sum c'_k \phi_{1,k}(t) \in V_1, l \in [M, j] \\ d_1(t) = \sum d'_k \Psi_{1,k}(t) \in W_1, l \in [M, j-1] \end{cases} \qquad (5-7)$$

式（5-7）中，$f_1(t)$ 为 f_j 的低频成分，$d_1(t)$ 为 f_j 的高频成分。根据理论介绍，小波变换存在以下几个优点。

①小波分解可以覆盖整个频域（提供了一个数学上完备的描述）。

②小波变换通过选取合适的滤波器，可以极大地减小或去除所提取得不同特征之间的相关性。

③小波变换具有"变焦"特性，在低频段可用高频率分辨率和低时间分辨率（宽分析窗口），在高频段，可用低频率分辨率和高时间分辨率（窄分析窗口）。

④小波变换实现上有快速算法（Mallat 小波分解算法）。

5.3.3 静态小波变换

实际应用中，由于时间序列信号多为离散序列，所以一般采用离散小波变换（Discrete Wavelet Transform，DWT）来对数据进行处理，采用 Mallat 算法实现[186]。离散序列的 Mallat 算法分解公式和重构公式分别为式（5-8）和式（5-9）：

$$a_{j+1}(n) = h(n) \times a_j(n)$$
$$= \sum_k h(k) a_j(2n - k),$$
$$d_{j+1}(n) = g(n) \times a_j(n)$$
$$= \sum_k g(k) a_j(2n - k) \quad (5-8)$$
$$a_j(n) = h(n) \times a_{j+1}(n) + g(n) \times d_{j+1}(n)$$
$$= \sum_k h(n - 2k) a_{j+1}(k) + \sum_k g(n - 2k) d_{j+1}(k) \quad (5-9)$$

$h(n)$ 和 $g(n)$ 分别表示所选取的小波函数对应的低通和高通滤波器的抽头系列序列。分解后的序列则是原序列与滤波器序列的卷积再隔点抽样而来。

DWT 运行变换前，首先对数据信息边界延长，使其成为无限长信号，作用低通和高通滤波器后采用下采样（↓2）方式截取部分系数作为低频信号（近似系数）和高频信号（细节系数），以保证小波分解后信号的数据总量保持不变。信号重构时，先将近似系数和细节系数向上抽样（↑2）并滤波，然后作用低通和高通滤波器，以恢复上一尺度近似系数 $\{a_j\}$ ［或原信号 $f(t)$］。则 DWT 单步分解和重构过程见图 5-2[200]。

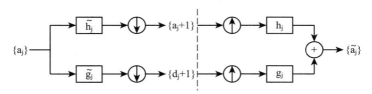

图 5-2　DWT 单步分解与重构示意图

对于任意一个离散数据信号（序列），DWT 第一步运算是将信号分解为低频部分（近似部分）和离散部分（细节部分），其中近似部分代表了信号的整体特征；第二步对低频部分再进行相似分解，依次进行到所需要的尺度。通常，把尺度参数 a 和平移参数 b 的离散公式分别定义为：

$$\begin{cases} a = a_0^j \\ b = ka_0^j b_0 \end{cases} \tag{5-10}$$

所以，对应的离散小波函数可以写为：

$$\Psi_{j,k}(t) = \frac{1}{\sqrt{a_0^j}}\Psi\left(\frac{t-b}{a}\right) \tag{5-11}$$

则离散化的小波变换系数可以表示为：

$$C_{j,k} = \langle f, \Psi_{j,k} \rangle = \int_{-\infty}^{\infty} f(t)\overline{\Psi}_{j,k}(t)\,dt \tag{5-12}$$

由式（5-12）可以看出，通过调整 j 值，可以使离散小波信号实现时频局部化转变，但是与连续小波变换不同的是，离散小波变换不具有平移不变性。其重构公式为：

$$f(t) = C\sum\sum C_{j,k}\Psi_{j,k}(t) \tag{5-13}$$

式（5-13）中，C 是一个与序列无关的常数。

由于 DWT 分解时的下采样会丢失少量信息，即不具有平移不变性，难以实现信号的精度重构，所以在 DWT 的基础上提出了静态小波变化（Stationary Wavelet Transform，SWT)[197]。与 DWT 相比，SWT 表现出很好的变换不变性。换句话说，SWT 变换后的近似系数和细节系数没有进行下采样，而是通过对 j 层的高通和低通滤波器中每两个系数之间插入 2^{j-1} 个 0 来实现滤波器的伸展，即：

$$h_{j,k} = \begin{cases} h_{k/2^j}, & k = 2^j m \text{ if } m \in Z \\ 0 & \text{else} \end{cases}$$

$$g_{j,k} = \begin{cases} g_{k/2^j}, & k = 2^j m \text{ if } m \in Z \\ 0 & \text{else} \end{cases} \qquad (5-14)$$

由于以上操作，使近似系数和细节系数分别作用于重建低通和高通滤波器时，可直接重构上一层次的近似信号。SWT 单步分解和重构过程见图 5-3。

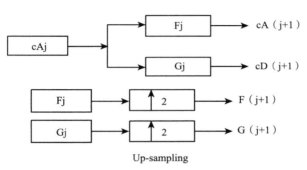

图 5-3　SWT 单步分解与重构示意图

SWT 使用的分解滤波器在不同尺度上是不同的，第 j+1 步采用的滤波器是第 j 步滤波器的上采样（↑2）。分解滤波器的上采样造成了小波基的冗余，但没有对小波系数进行下采样，没有信息的丢失，能实现信号的精度重构，重构后信息不发生偏移[201]。

5.3.4　尺度分解的两个问题

（1）小波母函数的选择

小波母函数具有如下性质[202]：

支撑长度，指的是小波母函数在无穷远处的衰减状况。当时间或频率向无穷大时，小波母函数快速衰减为 0，则具有有限支撑。

对称性，影响信号的重构效果。如果具有对称性，重构时失真即可避免，重构信号能很好地逼近于原始信号。反之，重构则可能出现信号失真。

正则性，描述的是函数光滑度，一般情况下，小波母函数正则性阶数（小波母函数逼近的光滑性的量度指标）越高，函数曲线越趋于光滑。换句话说，正则性越好曲线收敛越快。

消失矩，决定了用小波逼近光滑函数时的收敛率。

在实际操作中，不存在既有紧支撑、正交、对称又有很好的正则性和消失矩的小波母函数。所以，合适的小波母函数对时间序列的重构精度有较大的影响。本书选取了 Daubechies 小波系来作为母函数，这是因为 Daubechies 小波系列对不规则信号反应比较灵敏，而其中的 db4 小波相比其他 db 小波具有更短的时窗和更好的时频分辨率[203]。

（2）分解尺度的确定

小波分解尺度是另一个需要解决的问题：分解不彻底会使时间序列所包含的信息不能完全在一个频带上展现，使模型不能较为完整地拟合不同尺度上的单一信息；而分解过度会使信息分散于不同频带，增加建模时间和运算负担。所以，在时间序列进行尺度分解前，需要确定最佳的分解尺度。

SWT 分解后，第 j 尺度中心频率 f_j 可表示为：[204]

$$f_j = \frac{f_s f^* f_a^*}{2^{j+1}} \qquad (5-15)$$

式（5 - 15）中，f_s 代表采样频率，f^* 和 f_a^* 分别代表母小波的中心频率和尺度函数中心频率。根据前文对母小波的选择结果，本书选 db4 作为母小波函数，则在软件 Matlab 中计算母小波函数的中心频率 $f^* = 0.714$，利用功率谱计算尺度函数中心频率 $f_a^* = 0.4$。将预测模型 LSSVR 输入结构作为目标分解周期（中心频率 $f_j = N/\tau$），则通过式（5 - 15）可得到分解尺度 n：

$$n = \log_2\left(\frac{N}{\tau} \cdot f_s f^* f_a^*\right) - 1 \qquad (5-16)$$

5.4　多尺度最小二乘支持向量回归预测模型

基于日供水量时间序列年际变化规律分析，发现该序列在宏观上具有变化趋势相似性，微观上具有随机干扰差异性。所以，为了提高宏观与微观耦合特性的拟合效果，引入尺度分析，将其耦合特性逐层分解，即将单一尺度下的耦合特性放大到多尺度空间。通过多尺度特性建模，降低了特性表征复杂度，充分利用模型对简单特性的高拟合效率（即在不同尺度水平上可表达任意的函数），从而提高最终预测效果。

5.4.1　模型原理

鉴于静态小波分解的尺度变换不变性，本章采用静态小波分解技术对日用水量非平稳时间序列进行分解，形成不同尺度层次上的平稳时间序列，然后在分解后的各子序列分别建立最小二乘支持向量回归模型进行预测，最后通过小波逆变换将各子序列预测结果整合得出原始用水量时间序列的预测值。模型主要框架包括以下三个方面。

（1）小波分解

利用 SWT 对供水量时间序列 $\mathbf{X}$ 分解，分解为 j 个细节因子 $\mathbf{X}_1$，$\mathbf{X}_2$，$\cdots$，$\mathbf{X}_j$ 和 1 个近似因子 $\mathbf{XA}_j$（为方便表达，将其命名为 $\mathbf{X}_{j+1}$）。

（2）分层 LSSVR 预测

第 n 个因子（n≤j）预测值 $\hat{\mathbf{X}}_n$，其 LSSVR 预测表达式可根据式（4−25）改写为：

$$\hat{\mathbf{X}}_n = \sum_{i=j+1}^{l} \alpha_{i,n} k(\mathbf{x}_n, \mathbf{x}_{i,n}) + \mathbf{b}_n \qquad (5-17)$$

（3）分层预测结果重构

通过分别对细节因子（$\hat{\mathbf{X}}_1$, $\hat{\mathbf{X}}_2$, $\cdots$, $\hat{\mathbf{X}}_j$）和近似因子（$\hat{\mathbf{X}}_{j+1}$）构造 LSSVR 模型预测，然后通过小波逆变换（ISWT）得到最终的供水量预测值 $\hat{\mathbf{X}}$：

$$\hat{\mathbf{X}} = \text{ISWT}(\hat{\mathbf{X}}_1, \hat{\mathbf{X}}_2, \cdots, \hat{\mathbf{X}}_j, \hat{\mathbf{X}}_{j+1}) \qquad (5-18)$$

5.4.2 算法步骤

多尺度最小二乘支持向量回归模型（MS−LSSVR）算法流程见图 5−4，具体步骤如下：

第一步，确定时间序列 $\mathbf{X}$ 的输入—输出结构，即利用混沌特性计算嵌入维数 m 和延迟时间 τ，模型输入向量是 $x(i-\tau)$，$x(i-2\tau)$，$\cdots$，$x(n-(m-1)\tau)$，期望响应为 $x(i)$；

第二步，根据式（5−16）确定分解尺度；

第三步，运行 SWT 程序，此程序在 Matlab2011 中执行；

第四步，对 j+1 个因子序列分别建立 LSSVR 预测模型，其中模型参数采用十折交叉验证法来优化；

第五步，第 n 个尺度训练好的 LSSVR 模型用来预测第 n 个 $\hat{\mathbf{X}}_n$；

第六步，运行 SWT 逆运算，将 j+1 个因子预测值整合为最终供水量 $\hat{\mathbf{X}}$；

第七步，输出预测结果。

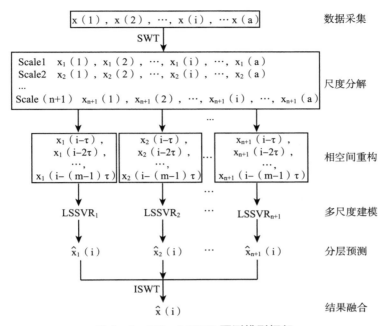

图 5 - 4 MS - LSSVR 预测模型框架

5.5 实 例 分 析

采用 MS - LSSVR 分别对 1# 日供水量（前 290 天数据作为训练集，后 65 天数据作为测试集）、2# 日供水量（前 150 天数据作为训练集，后 32 天数据作为测试集）、3# 日供水量（前 290 天数据作为训练集，后 65 天数据作为测试集）进行预测，输入—输出结构见第 3 章。根据式（5 - 16），三种时间序列分解尺度分别为 3、2、3。为了考察模型的预测效果，另外引入相关性分析，即真实值和预测值之间的相关性元素进行分析，从而衡量两组时间序列的相关密切程度。若真实值与预测值相差较大，则在相关性分析图中显示为发散，即相关性较差；反之，则收敛，即相关性好。相关系数为：

$$R = \frac{\sum_{i}^{N} (x(i) - \bar{x})(\hat{x}(i) - \bar{\hat{x}})}{\sqrt{\sum_{i=1}^{N}(x(i)-\bar{x})^2 \sum_{i=1}^{N}(\hat{x}(i)-\bar{\hat{x}})^2}} \quad (5-19)$$

式（5-19）中，$\bar{x}$ 和 $\hat{x}$ 分别代表真实值和预测值的平均值。

预测结果见图5-5，其中左侧图表示真实值和预测值的对比效果图，右侧图代表真实值和预测值之间的相关性分析结果。

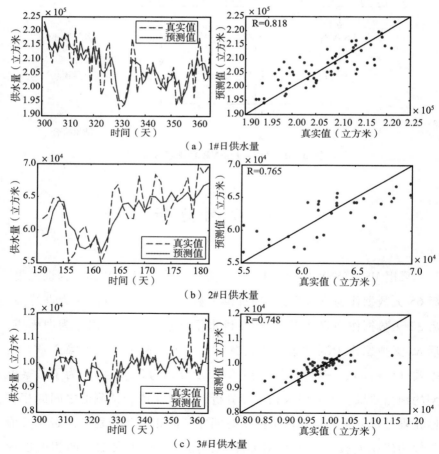

（a）1#日供水量

（b）2#日供水量

（c）3#日供水量

图5-5　不同规模日供水量 MS-LSSVR 预测结果

　　从图 5 - 5 可以看出，利用 MS - LSSVR 模型对日供水量序列进行预测取得了较好的结果，与 LSSVR 相比（图 4 - 28），变化趋势及细节突变更加逼近真实值（除 2#水厂，受训练集样本个数影响，其变化曲线拟合效果较其他两个水厂差，但比单一尺度 LSSVR 预测效果有所改善）。从相关性分析图（图 5 - 6 右侧）可以看出，真实值与预测值收敛于理论拟合线，并且其相关指数分别为 R = 0.818，0.765，0.748，表明相关性较好。

　　图 5 - 6 为单一 LSSVR 模型预测结果的相关性分析，从图中可以看出，三个水厂的真实值和预测值从整体上均呈现出发散状态，说明两者相关性较差。1#和 2#水厂在整个测试集区间内相关性呈发散状态，3#水厂在高峰值和低谷值呈现发散状态，而在中间值表现出集聚现象。与图 5 - 5（右图）相比，其相关系数较低（R = 0.569，0.499，0.571），定量说明了单一 LSSVR 模型预测效果较 MS - LSSVR 略显劣势，从多尺度角度对模型进行改造有一定的提升作用。

　　除预测值与真实值之间的定性曲线分析、定量相关性分析以外，同时利用式（4 - 30）至式（4 - 32）指标对预测结果进行统计学评估，详情见表 5 - 1。

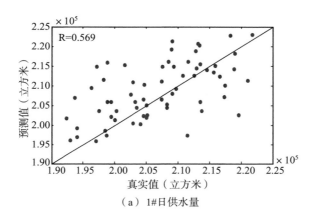

（a）1#日供水量

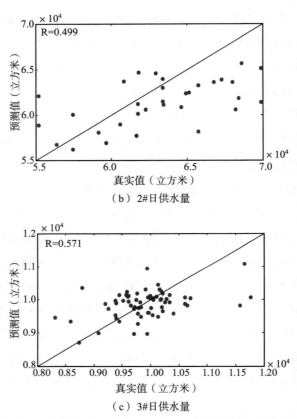

（b）2#日供水量

（c）3#日供水量

图 5 – 6　不同规模日供水量 LSSVR 预测结果相关性分析

表 5 – 1　　　　　　　**不同规模日供水量预测结果评估**

时间序列序号	MAE	MAPE	NRMSE
1#	3649. 910	1. 773	0. 0223
2#	2303. 365	3. 644	0. 0431
3#	280. 149	2. 795	0. 0415

　　与表 4 – 17、表 4 – 19 至表 4 – 20 中 LSSVR 各项指标相比，利用 MS – LSSVR 预测日供水量的效果有显著提高，其中 MAE 分别提高了

1889. 838m³/d、827. 722m³/d、153. 729m³/d；MAPE 分别提高了 0. 919% 、
1. 262% 、1. 576% ；NRMSE 分别提高了 0. 0116、0. 0162、0. 0174。

5.6 本章小结

本章根据局部建模思想，建立了基于 SWT 和 LSSVR 的日供水量多尺度预测模型。通过对日供水量的小波分解，将时间序列变化规律最大化表现于各频率带上，使模型结构可以最大化地表达时间序列的内在规律。虽然分解造成了模型参数选择的计算负担，但是利用十折交叉验证方法来确定参数的形式是可接受的，同时完全分解尺度较低，计算负担也是可接受的。在增加一定计算量的基础上，提高了预测效果。

通过对 1#至 3#水厂日供水量进行建模和验证，表明本章的多尺度预测模型建立成功。与单一建模方法（LSSVR）相比，模型实现了对局部细节特征变化的规律，从而提高了预测精度，能更好地反映时间序列变化的规律，具有可操作性，并且适用于大、中、小不同规模水厂的水量预测。

第6章

日供水量变结构最小二乘支持
向量回归预测模型研究

预测模型结构参数的确定是建立在历史数据集训练基础上的，这样得到的模型可以较好地体现历史规律，可以保证短期预测效果（短期内时间序列演化趋势与邻近历史时期规律变化相差较小）。而实际日用水量是一个动态过程，如果采用以上训练好的模型做长期预测，无法获得满意的动态预测效果。因为固定结构的预测模型无法准确跟踪实际日用水量的动态特性，预测误差会随时间累积，影响预测效果。预测实例误差结果说明了这一点（见图 6 - 1）。从图中可以看出，虽然中期有部分预测误差较小（机器学习模式系统所致），但在后期误差较前期预测有明显增大的趋势，说明所建立的固定模型对长远期预测存在困难，存在退化现象，所以需要对模型结构进行动态更新以达到预测精度的要求。为了实现预测模型的动态化更新（自适应调整结构参数），中外学者做了许多研究，并提出了一些可行的预测模型、方法[205 - 211]。

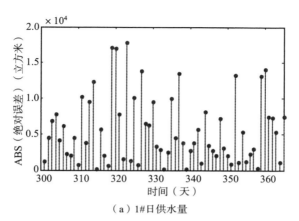

（a）1#日供水量

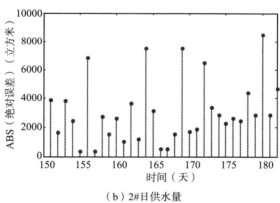

（b）2#日供水量

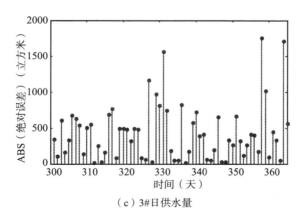

（c）3#日供水量

图 6 - 1 预测实例绝对误差分析

鉴于日用水量的时变性，本章提出一种基于变结构最小二乘支持向量回归的动态预测模型（VS – LSSVR）。目的是将静态模型结构参数动态化，即通过对模型结构参数进行动态估计，从而实现动态预测。本章首先介绍动态建模的基本概念，然后基于最大预测时间理论来确定静态模型最大预测时段；之后引入数据同化方法，使模型结构参数自适应更新；最后建立 VS – LSSVR 模型，使静态模型实现动态预测功能，并应用于 1# ~ 3#日供水量预测。

6.1 动态建模

动态建模是充分考虑时间因素对模型结构的影响，构造一种模型参数在时间序列演变过程中相互影响和彼此制约的关系（或在每个时刻变动状态评估）。因为要考虑时间序列耦合特性随时间延伸而变化对整个系统的影响，因此动态建模难度较大。

一般从经济学角度出发，动态建模主要包括两个层面：第一，通过历史时间序列的整理，观察客观现象发展变化的过程、趋势及其规律，计算相应的动态指标用以描述现象发展变化的特征；第二，编制较长时期的时间数列，在对现象变动规律性判断的基础上，测定其长期趋势、季节变动的规律，并据此进行统计预测，为决策提供依据。

而在人工智能新技术广泛应用的背景下，动态建模则体现出多样分析和表现形式。例如，从数据特性出发，在充分掌握多年数据信息的基础上，利用情景分析法来构造动态预测模型[212]；从预测形式出发，对时间序列从一步预测过渡到多步预测[213]；从预测技术出发，提出和改造出多种动态预测方法；从预测框架出发，对数据本身的预测转化为对演变状态（概率）的预测[214,215]，从而实现数据—特性（状态）—数据的反馈调节。

在时间序列预测工作中，动态建模主要回答两个问题。

①静态模型灵活简便（短期预测），动态建模工作复杂（远期预测），各有适用范围，所以首先要明确什么时候采用动态建模，既能保证预测效果，又能减少不必要的建模工作量。

②动态建模成功的关键在于如何搭建时间序列演变特性与模型结构之间的关联框架，即建立模型结构随时间变化的趋势，而非短期建模中数据信息随时间变化的趋势。

所以，在下文中将具体介绍最大预测时间理论和方法来明确静态与动态预测转化时间点，以及动态预测控制框架的搭建及实现方式。

6.2　最大预测时间

6.2.1　理论

由第3章分析可知，日供水量序列具有混沌特性，说明日供水量时间序列是一个服从混沌原则的确定性系统，混沌理论认为这样的时间序列预测步长是有限的[216]。混沌时间序列进行预测时，其模型参数对初始条件（历史数据）极为依赖，同时我们也不可能得到完全准确的测量和估计（误差存在叠加现象），在模型的可预测能力老化之前，对一个较短的预测步长，它们的可预测性还是可以保证的，并可能比基于一般统计方法的预测能力（效果）要好。根据混沌理论[151]

可知，若时间序列的最大 Lyapunov 指数大于 0，则表明时间序列的演化轨迹是发散的，具有分岔和倍周期特征，因而不能进行长期预测，但可以预知它的最大预测时间尺度 T_f，它与最大 Lyapunov 指数有如下关系[206]：

$$T_f = \frac{1}{L_{E1}} \qquad\qquad (6-1)$$

式（6-1）表示状态误差增加一倍所需要的最长时间。Lyaounov 指数表征了系统临近轨道的发散程度。临近轨道的发散与否意味着对初始信息的遗忘或保留，因此可以用 Lyaounov 指数来确定可预测性期限[217]。关于混沌系统最大预测时间尺度与预测精度或预测误差之间的定量关系目前还没有较为深入的理论研究，但总体而言，预测步长越短，所对应的预测误差将会越小；反之，预测效果将变差。另外，如果预测时段大于最大预测时间 [式（6-1）计算所得的 T_f]，则其预测效果也将变差[153]。

6.2.2 最大预测时间确定

根据式（6-1），分别计算出 1# ~ 3# 日供水量序列最大预测时间的理论值（见表 6-1）。

结合图 6-1，发现 1# ~ 3# 预测误差第一次增长到最大的时间分别在第 320 天、第 180 天、第 330 天附近，分别对应的预测长度（预测步长）为 20、30、30，与表 6-1 的理论计算结果相差不大，所以此方法确定的最大预测时间可以作为预测模式（静态、动态预测）的选择依据，即当预测时段≤T_f，可选用静态预测模式；反之，则选用动态模式。

表 6 – 1   日用水量最大预测时间尺度

时间序列	最大 Lyaounov 值	T_f
1#	0.0402	25
2#	0.0380	26
3#	0.0296	33

6.3　变结构最小二乘支持向量回归预测模型

　　基于日供水量时间序列预测值与真实值之间的绝对误差分布规律分析，发现该误差序列在预测前期（最大静态预测时间段内）偏差较预测后期小，这是由时间序列的时变性导致的。即时间序列变化中存在一系列不确定性，其均值和方差并不像传统计量学假设那样具有固定不变的模式，随着时间的变化，前期建立的模型将无法跟踪时间序列的长期变化规律（时变性导致的波动曲线具有一定的持续性，属于短期规律，前期建立模型可跟踪其近似特性）。所以，为了提高日供水量时间序列的长期预测效果，借鉴模型预测控制思想，利用数据同化技术追踪其时变特性，即将静态模型实现动态化预测功能，通过基于贝叶斯理论的卡尔曼滤波技术对模型结构参数状态进行动态评估，自适应调整了模型参数以达到更新模型结构的目的，最终提高了供水量时间序列的动态预测效果。

6.3.1　模型原理

　　根据第 4 章对于 LSSVR 模型的介绍可知，影响 LSSVR 模型预测精度的结构参数有两个（γ 和 σ^2），本书是通过 10 – CV 方法对参数进行优化确定。由于模型结构是利用历史数据训练得到的，所得的模型表达出了历史数据的演变规律，但由于供水量时间序列的时变性，并且通过混沌理论建立的输入—输出结构与初始值的依赖性，随着时间的延长，模型结构会发生退化，不能更好地追踪时间序列的变化。例如，在第（$i-1$）天，利用前几天数据对 LSSVR 进行训练，得到参数组 $\{\gamma(i-1), \sigma^2(i-1)\}$，这一组参数并不能完全代表第 i 天供水量信息变化情况，所以利用 $\gamma(i-1)$ 和 $\sigma^2(i-1)$ 构造的 LSSVR(i) 预测第 i 天供水量会产生误差。如果采用静态预测模式，这种误差则会累积到后面的预测过程中，所以本书提出了动态预测模式。

模型预测控制（MPC）是一种动态控制策略——很多系统具有高度的非线性、多变量耦合性、不确定性、信息不完全性和大时滞等特性，被控变量与控制变量存在着各种约束等，要想获得精确的数学模型十分困难，常规控制无法得到满意的控制效果。通过模型识别、优化算法、结构分析、参数整定和稳定性鲁棒性的研究解决和处理了许多常规控制效果不好甚至无法控制的复杂过程控制的问题，构成了一种基于模型控制的理论体系，先进控制技术包括软测量技术、内模控制、模型预测控制、预测函数控制、模糊控制、神经网络、专家控制等。

受 MPC 启发，本章提出变结构最小二乘支持向量回归（VS - LSSVR）日供水量预测模型。MPC 是一种基于模型的闭环优化控制策略，由三部分组成：可预测未来的动态模型，在线反复优化计算并滚动实施的控制作用和模型误差的反馈校正[218]。其核心框架包括模型预测、滚动时域优化和反馈校正。利用 MPC 框架，搭建 VS - LSSVR 模型。

①模型预测。第 4 章研究表明 LSSVR 具有预测优势，故选用 LSSVR 作为核心预测模型。

②滚动时域优化和反馈校正。将数据滚动输入进入预测系统，每个输入周期都是在当前系统状态及预测模型条件下，按照给定的有限时域目标优化过程性能，找出最优控制参数，更新模型参数，用于补偿模型预测的误差。本书将采用数据同化方法来实现模型参数的动态更新。

6.3.2　数据同化

数据同化是一种最初来源于数值天气预报，为数值天气预报提供初始状态的数据处理技术，具有实时反馈系统并向前传递的功能[219]。其计算框架与 MPC 类似，通过对当前（或过去）状态的系统观测结果和模型（预测）产生的结果进行分析，平衡观测和预测的不确定性，然后将分析结果应用于预测模型，实现模型的更新，并且新的预测结果应用于接下来的分析周期[220]。数据同化方法的基本过程是：

①设定初估值，用新的观测值更新初估值；

②对更新后的值作初值化处理；

③预测模型向前预报若干步，并将新的预测值作为下一次更新的初估值，然后再返回到①。

如此反复，形成一个循环过程，即插入新观测值→更新预测值→状态初值化→预测下一步→插入下一个新观测值→更新预测值→状态初值化→预测→⋯⋯在这种同化方法中，每一次循环过程的开始，都是用新的观测值来更新。

图 6 - 2 表示利用数据同化技术实现模型更新的技术路线[221]。

按照数据同化算法与模型之间的关联机制，数据同化算法大致可分为连续数据同化算法和顺序数据同化算法两大类。

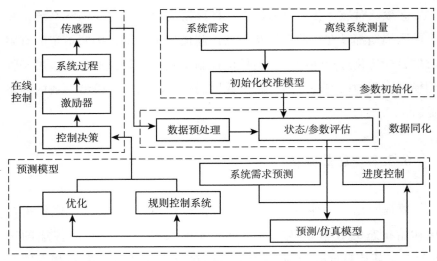

图 6 – 2　基于数据同化技术的模型更新技术路线

①连续数据同化算法。定义一个同化的时间窗口，利用该同化窗口内的所有观测数据和模型状态值进行最优估计，通过迭代而不断调整模型初始域，最终将模型轨迹拟合到在同化窗口周期内获取的所有观测上，如三维变分和四维变分算法等。

②顺序数据同化算法。又称滤波算法，包括预测和更新两个过程。预测过程根据 t 时刻状态值初始化模型，不断向前积分直到有新的观测值输入，预测 t + 1 时刻模型的状态值；更新过程则是对当前 t + 1 时刻的观测值和模型状态预测值进行加权，得到当前时刻状态最优估计值。根据当前 t + 1 时刻的状态值对模型重新初始化，重复上述预测和更新两个步骤，直到完成所有有观测数据时刻的状态预测和更新。

为实现本书中参数动态估计，将采用顺序同化算法。此类数据同化方法较多，其中应用较广的是卡尔曼滤波器[221,222]。卡尔曼[223]提出用一个状态方程和一个测量方程来完整表达时变线性动态过程，从而形成一种递推滤波算法（一种环路递推顺序：预测—实测—修正），卡尔曼滤波不需要保留使用过的历史观测数据，当收集到新的观测数据，可按照卡尔曼递推公式算出新的估计值，用于预测修正的评估，以最小协方差指标来估计模型误差。众所周知，在没有外部干扰时，一个动态系统的未来状态变化是可以根据历史/现时状态从已知的运动过程中确定出来。但是供水量时间序列是非线性的，在处理非线性系统状态及参数估计问题上，本书采用扩展卡尔曼滤波器（EKF）。EKF是通过泰勒展开将非线性过程简单线性化，从而转化为卡尔曼滤波计算[224]。

系统的状态方程和测量方程分别为：

$$\mathbf{X}(i) = f(\mathbf{X}(i-1), \mathbf{u}(i-1)) + \mathbf{w}(i-1) \qquad (6-2)$$

$$\mathbf{Y}(i) = g(\mathbf{X}(i)) + v(i) \qquad (6-3)$$

式（6-2）和式（6-3）中 $\mathbf{X}$、$\mathbf{Y}$ 分别代表系统状态矢量和观测矢量，$\mathbf{u}$ 代表控制矢量。$\mathbf{w}$ 和 $\mathbf{v}$ 分别代表过程噪声和观测噪声，假定为零均值方差分别为 Q 和 R 的高斯噪声：

$$E[\mathbf{w}(i-1)] = 0, E[\mathbf{w}(i-1)\mathbf{w}^T(j-1)] = \mathbf{Q}(i-1), E[\mathbf{v}(i-1)] = 0,$$

$$E[\mathbf{v}(i-1)\mathbf{v}^T(j-1)] = \mathbf{R}(i-1), (i \neq j) \qquad (6-4)$$

基于以上假设，笔者对模型结构参数进行 EKF 计算，整个过程分为预测和更新两个阶段。

预测：式（6-5）为状态预测方程，式（6-6）为协方差更新方程。

$$\hat{\mathbf{X}}(i/i-1) = f(\hat{\mathbf{X}}(i-1), \mathbf{u}(i-1)) \qquad (6-5)$$

$$\mathbf{P}(i/i-1) = \mathbf{F}(i-1)\mathbf{P}(i-1)\mathbf{F}^T(i-1) + \mathbf{Q}(i-1) \qquad (6-6)$$

其中 $\hat{\mathbf{X}}(i-1)$ 和 $\mathbf{P}(i-1)$ 通过对原始结构参数进行递归运算获得（初始条件假设原始结构参数和估计参数一致）。

更新：式（6-7）为卡尔曼增益矩阵，控制收敛速度，式（6-8）

为状态更新方程，计算出最优估计值，式（6-9）为协方差更新方程。

$$\mathbf{K}(i) = \mathbf{P}(i/i-1)\mathbf{G}^{T}(i)(\mathbf{G}(i)\mathbf{P}(i/i-1)\mathbf{G}^{T}(i) + \mathbf{R}(i))^{-1}$$
$$(6-7)$$

$$\hat{\mathbf{X}}(i) = \hat{\mathbf{X}}(i/i-1) + \mathbf{K}(i)[\mathbf{Y}(i) - g(\hat{\mathbf{X}}(i/i-1))] \quad (6-8)$$

$$\mathbf{P}(i) = (\mathbf{I} - \mathbf{K}(i)\mathbf{G}(i))\mathbf{P}(i/i-1) \quad (6-9)$$

式（6-7）至式（6-8）中 $\mathbf{F}(i-1) = \dfrac{\partial f}{\partial \mathbf{X}}\Big|_{\mathbf{X}(i-1),\mathbf{u}(i-1)}$，$\mathbf{G}(i) = \dfrac{\partial g}{\partial \mathbf{X}}\Big|_{\mathbf{x}(i)}$。

正如前文介绍，预测第 i 天供水量的 LSSVR 模型结构参数 $\gamma(i)$ 和 $\sigma^2(i)$ 在第（i-1）天是不可知的，所以通过以上 EKF 方法可以获得结构参数估计值 $\hat{\gamma}(i)$ 和 $\hat{\sigma}^2(i)$ [式（6-8）中 $g(\hat{\mathbf{X}}(i))$]。EKF 运算步骤如下：

第一步，预测第 i 天系统状态 $\hat{\mathbf{X}}(i|i-1)$ [式（6-5）]；

第二步，将 $\hat{\mathbf{X}}(i|i-1)$ 代入式（6-3）估计第 i 天结构参数 $\hat{\mathbf{Y}}(i) = g(\hat{\mathbf{X}}(i|i-1))$；

第三步，当第 i 天的真实供水量得到时，利用 10-CV 获得第 i 天真实参数 $\mathbf{Y}(i)$，利用式（6-6）至式（6-9）来校正状态 $\hat{\mathbf{X}}(i)$ 和协方差 $\mathbf{P}(i)$；

第四步，返回第一步估计下一天的模型结构参数，同时校正新的状态。

通过以上循环运行 EKF，可以动态更新预测模型结构参数。

6.3.3 算法步骤

模型的建模和预测步骤如下，建模流程图见图6-3。

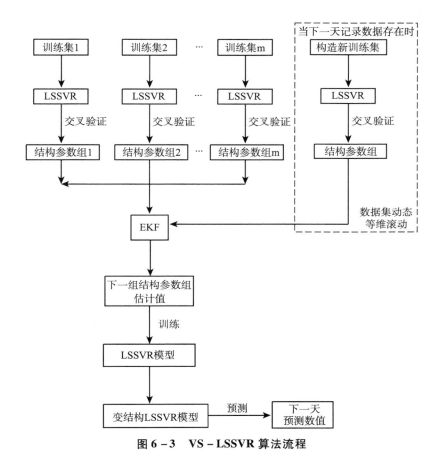

图 6 - 3　VS - LSSVR 算法流程

第一步，确定时间序列的输入—输出结构，即利用混沌特性计算延迟时间和嵌入维数。

第二步，动态等维输入训练集，训练 LSSVR 模型，利用十折交叉验证来优化 LSSVR 回归模型中惩罚系数 γ 和核函数宽度 σ^2。通过这一步骤得到 LSSVR 模型结构参数组。

其中，动态等维输入结构如下：

$$\mathbf{TR}(i-1) =$$

$$\begin{bmatrix} x(i-n_1-(m-1)\tau), \ x(i-n_1-(m-2)\tau), \ \cdots, \ x(i-n_1) \\ x(i-n_1-(m-1)\tau+1), \ x(i-n_1-(m-2)\tau+1), \ \cdots, \ x(i-n_1+1) \\ \cdots\cdots \\ x(i-1-(m-1)\tau), \ x(i-1-(m-2)\tau), \ \cdots, \ x(i-1) \end{bmatrix}$$

$$\mathbf{TR}(i) =$$

$$\begin{bmatrix} x(i-n_1-(m-1)\tau+1), \ x(i-n_1-(m-2)\tau+1), \ \cdots, \ x(i-n_1+1) \\ x(i-n_1-(m-1)\tau+2), \ x(i-n_1-(m-2)\tau+2), \ \cdots, \ x(i-n_1+2) \\ \cdots\cdots \\ x(i-(m-1)\tau), \ x(i-(m-2)\tau), \ \cdots, \ x(i) \end{bmatrix}$$

$$(6-10)$$

式（6-10）中，**TR**代表动态等维输入训练集。

第三步，第二步求得的模型结构参数组组成新的时间序列，利用 EKF 对其进行更新和估计，求得迭代后的下一组模型结构参数（此步骤依照 EKF 算法进行迭代）。

第四步，用第三步得到的模型结构参数组估计值来训练 LSSVR 模型，获得新的 LSSVR 预测模型，即变结构 LSSVR 模型。

第五步，预测下一天日用水量。

第六步，当下一天日用水量收集到时，返回第二步进行运算。

6.4 实例分析

为了考察 VS - LSSVR 模型的动态预测能力，设置 1#~3#日供水量序列预测时段（步长）分别为 432、32 和 65。根据表 6-1 预测时段结果分析可得，预测步长均 $>T_f$，所以需要进行动态预测。主要参数见表 6-2。

表 6 - 2　　　　　　　　　　　　实例分析参数设计

序列编号	训练集	测试集	滚动周期	n_1	m	τ
1#	1 ~ 300	301 ~ 732	按训练集长度的80% 计算	211	5	7
2#	1 ~ 150	151 ~ 182		109	3	5
3#	1 ~ 300	301 ~ 365		227	4	4

注：$n_1 = $ Length（训练集）$\times 0.8 - (m - 1)\tau - 1$。

6.4.1　预测结果分析

预测结果见图 6 - 4，其中 1# 日供水量时间序列测试集长度增加至第 732 天，目的是为了评估模型动态预测能力。预测结果评估见表 6 - 3，其中 1# 日供水量时间序列分为两种不同的预测长度（65 天和 432 天）来评估预测效果，目的是为了与单一 LSSVR 模型预测对比效果。

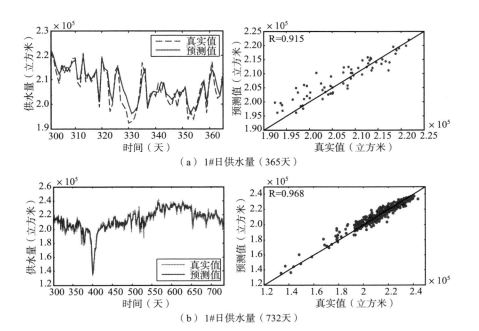

（a）1#日供水量（365天）

（b）1#日供水量（732天）

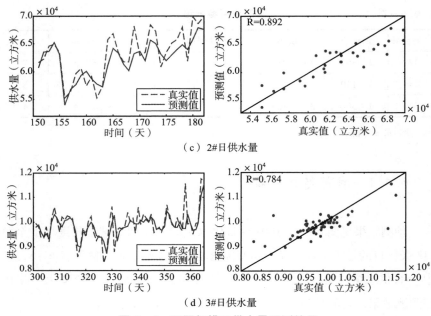

（c）2#日供水量

（d）3#日供水量

图6-4　不同规模日供水量预测结果

从图6-4（a）可以看出，采用VS-LSSVR模型对1#日供水量序列的预测结果和相关性分析结果均优于单一LSSVR模型［对比图4-28（a）和图5-6（a）］，拟合曲线对趋势和峰（谷）值偏差减小，预测值与真实值更加集中于理论拟合线两侧，相关系数R由0.569提升到0.915，预测结果大大改善。从图6-4（b-d）可以看出，利用VS-LSSVR模型对日供水量序列进行预测取得了很好的动态结果，与LSSVR相比（图4-28（b，c）），变化趋势及细节突变更加逼近真实值，特别是1#水厂延长测试期间内动态预测效果更加明显，完全捕获了真实数据曲线变化特性。而相关性分析图（图6-4右侧）可以看出，真实值与预测值收敛于理论拟合线（除3#日供水量时间序列高、低两个量较为分散，中部收敛，但与LSSVR静态模型相比，仍然有所改善），并且其相关指数分别为R = 0.968，0.892，

0.784，表明相关性较好。与图5－6相比，其真实值和预测值更加收敛，表明拟合程度更高，相关系数有极大的提升（静态 LSSVR 模型相关系数 R＝0.569，0.499，0.571），说明 VS－LSSVR 模型具有更好的动态预测能力。

除预测值与真实值之间的定性曲线分析、定量相关性分析以外，同时利用式（4－27）至式（4－29）指标对预测结果进行统计学评估（见表6－3）。

表6－3　　　　　　　　不同规模日供水量预测结果评估

时间序列编号	MAE	MAPE	NRMSE
1#（365 天）	2506.614	1.230	0.0152
1#（732 天）	3040.480	1.468	0.0197
2#	1751.453	2.733	0.0340
3#	255.971	2.591	0.0400

与表4－17、表4－19至表4－20相比，利用 VS－LSSVR 预测日供水量的效果有显著提高，其中 MAE 分别提高了 $1966.866\text{m}^3/\text{d}$、$1379.634\text{m}^3/\text{d}$、$177.905\text{m}^3/\text{d}$；MAPE 分别提高了 1.462%、2.173%、1.780%；NRMSE 分别提高了 0.0197、0.0253、0.0189。

6.4.2　动态误差分析

除整体误差评估外，本节将对 VS－LSSVR 动态误差进行分析，以评估模型的动态预测能力。本节采用以滑动周期 7 天的 MAE、MAPE 和 NRMSE 来评估 VS－LSSVR 模型的动态预测能力。动态误差分析结果见图6－5，为了方便与 LSSVR 对比，图6－5 中也加入了单一 LSSVR 模型的滑动 7 天动态误差。

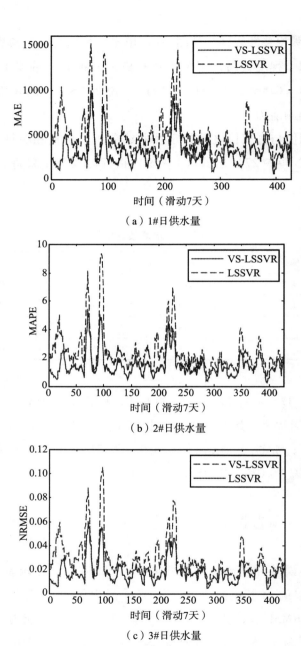

（a）1#日供水量

（b）2#日供水量

（c）3#日供水量

图 6 – 5　动态误差分析

从图 6 - 5 可以看出，单一 LSSVR 模型的动态误差（MAE、MAPE 和 NRMSE）波动较大，说明固定的模型结构对时变动态特性追踪能力较差，随着时间的推移存在退化（老化）现象，不能满足日供水量长期动态预测要求。而 VS - LSSVR 模型在整个预测阶段误差较 LSSVR 静态模型误差分布较小且平稳，说明模型结构成功更新（静态模型的动态化更新），可以满足动态预测要求。

6.5　本 章 小 结

在对时间序列进行预测时，首先应该明确预测时段（长度），若预测时段大于最大预测时间（混沌定理确定的最长预测时间），应采用动态预测模式；反之，可以采用静态模式进行短期预测。本章在基于模型预测控制理论的框架下，建立了变结构的最小二乘支持向量回归模型，实现了静态模型的动态更新。通过数据同化技术，对 LSSVR 模型参数进行评估和反馈，使模型结构处于自适应变化过程，从而防止了模型结构退化。与单一 LSSVR 的预测效果比较，结果显示 VS - LSSVR 模型具有更好的动态预测能力，是长期预测城市日用水量的理想方法。

第 7 章

月供水量加法预测模型研究

时间序列的形成是各种不同的影响事物发展变化的因素共同作用的结果。为了便于分析事物发展变化规律，通常将时间数列形成因素归纳为以下四类。

①长期趋势是某一时间序列在相当长的时间内持续发展变化的总趋势，是由长期作用的基本因素影响而呈现的有规律的变动。

②季节变动是指时间序列由于季节更替或社会因素的影响形成周期性变动。它周期短，规律性强，一般为一年，但也有以月、周、日为变动周期的，凡在一年内有反复循环周期变动，如每天小时供水量变化等，从广义上讲都属于季节变动分析的内容。

③循环波动是指变动周期在一年以上近乎有规律的周而复始的一种循环变动，如经济周期、自然界农业果树结果量有大年小年之分等。

④不规则变动是指由于意外的自然或社会的偶然因素引起的无周期的波动，或称为随机干扰。

以月尺度供水量时间序列为例，序列本身有一个年际增长趋势和周期变动、一个年内季节变动，以及随机干扰波动，所以对这样的序列直接采用单一时间序列的方法是不合适的。结合第 4 章的研究结果，单一预测模型在对月供水量预测的应用效果较差，尤其是在数据量较少情况下（一般月供水量时间序列数据样本较少），所以对月供水量的高效预测需要引入混合建模思路和方法。

含有季节周期性的供水量数据具有高度复杂的非线性结构，表现出一段时间内不断对自身做出有规律的重复[225]。基于这一特征，本书利用加法模型原理对此类型序列进行预测。主要思路为：

①将序列分解为多个子序列，具有相同特性的子序列整合为新的序列；

②利用不同的方法对新的子序列进行预测；

③预测结果通过加法计算整合为最终预测值。

本章首先对混合建模做简单介绍，然后对 1#和 3#水厂的月供水量时间序列变化规律进行研究，之后介绍加法模型原理及实现途径、方法，主要包括特征序列的提取、子预测模型的选择和预测结果的加法整合，最后将此模型用于两个水厂月供水量的预测。

7.1 混 合 建 模

基于前文介绍，每种模型都有自己的适用范围，对某种或某类特性的敏感度较高。从信息的利用方面来说，任何一种方法（模型）都只能利用部分有效数据，为了保证模型精度可能舍弃其他有效数据，造成有效信息的无效过滤，从而产生较大的预测误差。而不同的模型往往能结合利用不同的有效数据，充分提高信息利用率，从而提高时间序列特性模拟精度。

一般混合建模步骤由以下四步组成：

第一步，数据预处理与特性提取。数据是系统特征的外在表现，一组高质量的数据是正确建模的前提。所以首先要对数据进行预处理，保证数据建模的数量和质量。

第二步，备选模型选择。根据第 1 章介绍，预测模型多种多样并且各自有适用范围，所以在模型组合之前，要对备选模型有一定的认识和研究。

第三步，混合机制。即模型混合的切入点。线性系统采用一个线性模型即可拟合出高精度效果，非线性特性采用一些自学习、非线性机器学习即可实现高效拟合。但如果将线性与非线性耦合特性用一个混合模型表示呢？这就是混合机制要解决的问题。

第四步，混合模型建立。在选定混合机制后，利用备选模型拟合不同时间序列特性，充分发挥各自模型对不同特性的敏感度，并最终实现结果融合。

7.2 月供水量变化规律分析

图 7-1 表示了月供水时间序列的年际变化和月变化规律。从图中可以看出：

①1#和 3#月供水量的年际变化趋势相同，均有一个整体上升的趋势，随着年代的推移，供水量增加。主要原因是城市快速发展、人们生活水平提高导致的用水量增大。

②城市月供水量变化存在一定的周期性，周期为 12 个月（一年），这种周期主要体现在月供水量在一个用水年度内的变化呈"中间高、两头低"的总体趋势，即夏秋季用水量大，春冬季用水量小。这种现象主要由季节更替、客户用水方式等原因造成。图 7-1 所示的两个水厂多年度月供水量时间序列图明显反映着这种趋势。

　　虽然不同规模的自来水厂供水量不一样（1#和3#供水量能力分别为25万立方米/天和5万立方米/天），但是其用水量随月份的变化规律是相似的。具体表现为每年的春季2月至3月用水量最低，而到了夏季7月至9月用水量达到一年中的最高值，所以供水量情况随季节的变化规律非常明显。此现象说明周期性不受供水规模的影响。

　　③（b）和（d）中存在一些细节变化不一致的现象，主要原因是因为考察时间段的天气、经济（水价）、水厂地理位置等外在因素引起的细节突变，即随机性影响。此影响在除去时间序列的趋势、季节规律后显得尤为突出。

　　④不同水厂月供水量时间序列具有共性特征（趋势性和周期性）和个性特征（随机性）。宏观上，共性特征更加明显，易于捕捉和建模；微观下，个性特征更加多样化，对模型的普适性要求较高。

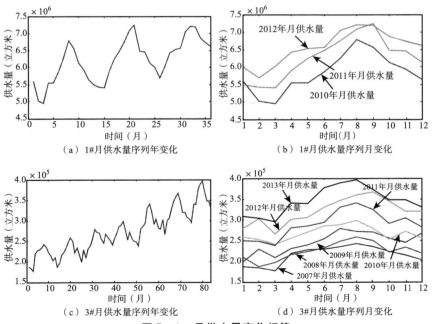

（a）1#供水量序列年变化　　　　（b）1#供水量序列月变化

（c）3#供水量序列年变化　　　　（d）3#供水量序列月变化

图7-1　月供水量变化规律

7.3　加法预测模型

一般一个时间序列可以直接或间接（经过函数变换）分解为由趋势项、季节项、周期项和随机项或其中几项组成的加法模型或乘法模型[226]，而乘法模型可以通过对数变换转化为加法模型，因此本章将加法模型作为混合机制来展开研究。其主要目的是进一步将趋势项、季节变动、循环项、随机项等从时间序列中分离出来，实现时间序列变化的单一性，从而降低模型计算负担和提高模型拟合效果。

7.3.1　模型原理

对于供水量时间序列 $\mathbf{x} = (x(t), t = 1, 2, \cdots, n)$，加法模型的表达式为[226]：

$$\mathbf{x} = \mathbf{T} + \mathbf{S} + \mathbf{I} \tag{7-1}$$

式（7-1）中，$\mathbf{T} = (x_1(1), x_1(2), \cdots, x_1(n))$ 代表趋势项，反映序列的长期变化趋势；$\mathbf{S} = (x_2(1), x_2(2), \cdots, x_2(n))$ 代表季节项，反映序列季节性的周期变化规律（广义的"季节"可定义为时、日、周、月、年等，而季节性周期变化指的是在相同的时间段重复出现的变化）；$\mathbf{I} = (x_3(1), x_3(2), \cdots, x_3(n))$ 代表随机项，反映各种随机因素对序列的变化影响。

通过对时间序列分解，选择合适的子模型分别对 $\mathbf{T}$、$\mathbf{S}$、$\mathbf{I}$ 进行预测，利用式（7-2）整合子预测结果 [第 i 个子预测结果为 $\hat{x}_1(i)$，$\hat{x}_2(i)$，$\hat{x}_3(i)$]，得到最终预测结果：

$$\hat{x}(i) = \hat{x}_1(i) + \hat{x}_2(i) + \hat{x}_3(i) \tag{7-2}$$

7.3.2 时间序列特征提取

根据加法模型原理，对月供水量时间序列进行预测的首要任务是序列特征提取，本书采用集成经验模态分解方法来对时间序列进行分解，之后采用傅立叶变换对分解子序列进行频谱分析，最终确定时间序列的趋势项 **T**、季节项 **S** 和随机项 **I**。

（1）集成经验模态分解

集成经验模态分解（Ensemble Empirical Mode Decomposition，EE-MD）是经验模态分解（EMD）的改进版本。EMD 是由诺登·黄等人[227,228]提出的，适用于分析非线性、非平稳信号序列，具有较高的信噪比。该方法把不同周期的数据波动或序列趋势从原序列中逐级分离出来，分解为有限个具有不同特征尺度的数据序列［称为本征模态函数（IMF）］，各 IMF 分量包含了原数据信号中所含有不同尺度的特征信息量。EMD 分解不需要设定任何基函数，是根据数据序列本身的时间尺度特征来分解的，具有自适应性[229]。这一特点与基于先验性的谐波基函数的傅立叶分解和基于小波基函数的小波分解有着本质的区别。由此可见，EMD 是一种自适应的时频分析方法，消除了人为主观干扰（谐波基和小波基的筛选），得到了较高的时频分辨率，十分适合非平稳、非线性的实际供水量序列的分解[230]。

而 EMD 算法[228]在运行过程中存在模式混淆的现象，严重扭曲了信号的时频分布，从而掩盖了各 IMF 分量所代表的信号信息，导致系统的内在变化规律分解不清晰，所以吴兆华和诺登·黄于 2009 年提出了改进方法——集合经验模式分解[231]。EEMD 的本质就是原始序列叠加了高斯白噪声之后进行多次 EMD 分解的过程，其具体削减模式混淆现象的思路：利用高斯白噪声频率均匀分布的统计特性，使加入噪声后的序列在不同尺度上具有连续性。虽然通过 EMD 分解得到的各 IMF 分量，在特定尺度下都加入了随机白噪声成分，但是由于高斯白噪声的统计特性（随机白噪声是可以通过足够多次分解试验抵消的），即通过足够多次 EMD 分解，每次分解为待分析的信号添加一个噪声幅值水平一样的随机高斯白噪声，其多次的平均输出就能抑制或者完全消除噪声的影响[232,233]。其具体实现过程为：

首先，添加随机高斯白噪声到原始数据序列中，改变序列的时间跨度。

其次，对加入噪声后的序列变化重新分析，对同一组序列从多角度、多次执行 EMD 分解。

最后，整合多次计算后的各 IMF 分量均值，此值能够全面体现信号中各组分的内在特性。

根据以上实现流程介绍，EEMD 算法具体步骤描述如下[234]：

第一步，参数初始化。其中包括 EMD 分解次数 M，白噪声信号的幅值系数 ε，设 m = 1。

第二步，执行第 m 次 EMD 分解。

a. 在供水量序列 $\mathbf{X}$ 上添加一随机高斯白噪声序列 $\mathbf{G}_m$，形成新的待处理序列 $\mathbf{X}_m$（添加的白噪声 $\mathbf{G}_m$ 是每次试验随机产生的，满足高斯分布但又相对独立，即每次添加的 $\mathbf{G}_m$ 都不相同，但它们的幅值水平是相同的，即幅值系数 ε 不变）。

$$\mathbf{X}_m = \mathbf{X} + \varepsilon \cdot \mathbf{G}_m \qquad (7-3)$$

b. 用 EMD 分解 $\mathbf{X}_m$，得到 n 个 IMFs（将分解残余项 $\mathbf{R}_n$ 作为最后一个 IMF）；

$$\mathbf{X}_m = \sum_{j=1}^{n-1} \mathbf{C}_{j,m} + \mathbf{R}_{n,m} \qquad (7-4)$$

式（7-4）中，$\mathbf{C}_{j,m}$ 表示第 m 次试验分解出的第 j 个 IMF($j \in [1, n-1]$)，$\mathbf{R}_{n,m}$ 表示第 m 次试验分解出的残余项。

c. 若 m < M，则 m = m + 1，返回步骤 a.；

第三步，计算 M 次分解后的每个 IMF 均值，得出最终 EEMD 分解结果。

$$\mathbf{X} = \sum_{j=1}^{n-1} \mathbf{C}_j + \mathbf{R}_n \qquad (7-5)$$

从以上描述可以看出，EEMD 算法核心仍然是 EMD（只是执行了 M 次 EMD 分解）。同时，在执行 EEMD 算法时有两个参数需要设置（见第一步），即原始信号中添加的白噪声序列幅值系数 ε 和 EMD 分解次数 M。吴兆华和诺登·黄研究发现[233]，e（代表输入与加噪分解后所有 IMFs 和的标准差，用于评估添加白噪声后对分解结果的影响）与 M、ε 有如下关系：

$$e = \frac{\varepsilon}{\sqrt{M}} \qquad (7-6)$$

由式（7-6）可知，ε 越小，分解精度越高（e 越小），但是当 ε 小到一定程度时，有可能不足以引起数据信号局部极值点的变化，从而不能改变信号的局部时间跨度，就达不到多次 EEMD 分解的目的（尽可能多的尺度分解，数据信息充分分解到各频率带）。M 越大，e 也越小，EEMD 运算负担（分解次数）会增加。因此吴兆华和诺登·黄[233]建议在 M = 100，$\varepsilon \in [0.01, 0.5]$ 时的标准差较为适宜。

（2）频谱分析

频谱分析的目的是把复杂的时间历程波形经过傅里叶变换转化为若干单一的波谱分量来分析，以获得信号的频率结构和相位信息。

傅里叶变换是一种分析信号的方法，它可分析信号的成分，也可用这些成分合成信号[235]。对于 $IMF_j = (x_j(t), t = 1, 2, \cdots, n)$，傅立叶级数 $X(f_j)$ 表达式为[236]：

$$X(f_j) = \int_{-\infty}^{\infty} x_j(t) e^{-i2\pi(tf_j + x_j^0(t))} dt \qquad (7-7)$$

式（7–7）中，f_j 代表 IMF_j 的主频率，$x_j^0(t)$ 代表 IMF_j 相转换的实值函数值。通过傅立叶逆变换，可以推导出：

$$x_j(t) = e^{i2\pi x_j^0(t)} \int_{-\infty}^{\infty} X(f_j) e^{2\pi i f_j^0} df_j \qquad (7-8)$$

如果 $X_j(f_j) \equiv \delta(f_j - f_j^0)$，则 $x_j(t) = e^{i2\pi(f_j^0 t + x_j^0(t))}$。其中：

$$f_j^0 = f_j(t) - \frac{dx_j^0(t)}{dt} \qquad (7-9)$$

（3）时间序列特征确定

根据频谱分析结果，将频率相似或相同的 IMF 整合，构造月供水量子序列 **T**、**S**、**I**，则式（7–5）可变为[237]：

$$\begin{cases} \mathbf{T} = \sum_{j=K+1}^{n-1} \mathbf{C}_j + \mathbf{r}_n, \ (f_j = 1/n) \\ \mathbf{S} = \sum_{j=k+1}^{K} \mathbf{C}_j, \ (f_j = P/n) \qquad 1 \leq k \leq K \leq n \quad (7-10) \\ \mathbf{I} = \sum_{j=1}^{k} \mathbf{C}_j, \ (\text{inexistence } f_j) \end{cases}$$

式（7–10）中，P 代表季节项周期。根据式（7–10），可提取月供水量时间序列特征项 **T**、**S**、**I**。

7.3.3 子预测模型选择

根据对时间序列特征项分析可知，趋势项反映了月供水量序列的长期变化规律，季节项反映了月供水量序列的季节变化规律，随机项反映了月供水量序列随机影响因素的变化规律。由于单一模型的适用性，所以对特征项的预测存在偏向。因此，不同的信息特征决定了采用不同的预测模型：①线性或非线性模型均可应用于趋势项的预测；②线性或非线性模型均可应用于季节项的预测，但是结构复杂的模型可能导致过拟合现象发生；③一般非线性模型适用于随机项的预测。

结合第 4 章的实例分析可以看出，ANFIS 基本上抓住了随机变化规律，在一定程度上模拟了趋势和季节变化；LSSVM 变现出良好的季节性变化，同时模拟了趋势；ARIMA 完美地表现出趋势跟踪功能；BPNN 季节，对趋势、周期和突变拟合能力均一般。所以，本书采用 ANFIS 来预测随机项 **I**，LSSVR 预测周期项 **P**，ARIMA 预测趋势项 **T**。

7.3.4　算法步骤

加法预测模型的流程见图 7 - 2，具体步骤如下：

第一步，对月供水量序列 $\mathbf{X} = (x(1)，x(2)，\cdots，x(M))$ 进行特征项提取（趋势项 $\mathbf{T} = \{x_1(1)，x_1(2)，\cdots，x_1(M)\}$，周期项 $\mathbf{P} = \{x_2(1)，x_2(2)，\cdots，x_2(M)\}$，随机项 $\mathbf{S} = \{x_3(1)，x_3(2)，\cdots，x_3(M)\}$）。

a. 利用 EEMD 来分解时间序列 **X** 为 n 个 IMFs（为方便描述，将余项定义为第 n 个 IMF）。

b. 利用 FT 对 IMFs 进行时频转换，提取各 IMFs 主频率。

c. 将具有相同或相似频率的 IMFs 整合，根据式（7 - 10）确定 **T**、**P**、**S**。

第二步，分别采用选定的子预测模型对各特征项进行预测（ANFIS 模型预测随机项 **I**，LSSVR 模型预测周期项 **P**，ARIMA 模型预测趋势项 **T**），具体预测模型训练（包括输入—输出结构、参数优化、平稳性检验、参数识别等）见第 4 章。

第三步，利用加法模型将三个特征项的预测值 $[\hat{x}_1(t)，\hat{x}_2(t)，\hat{x}_3(t)]$ 结合为最终预测值 $\hat{x}(t)$。

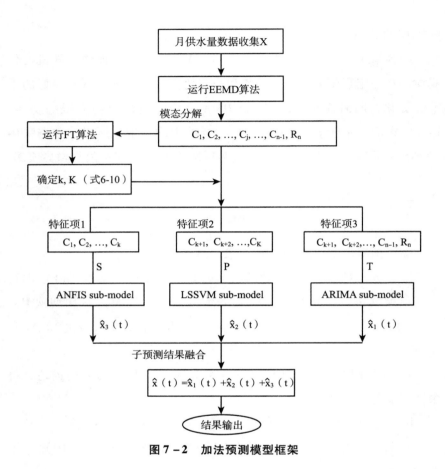

图 7 – 2   加法预测模型框架

7.4   实例分析

7.4.1   1#月供水量序列预测结果

图 7 – 3 表示的是 1#月供水量时间序列的 EEMD 分解结果（左图）及各 IMF 的频谱分析结果（右图）。从图中可以看出，C_1 时间序

列波动杂乱，频谱分析中无明显的主频率，故可以将其作为随机项来处理；C_2 时间序列波动具有周期性（3 个循环），频谱分析中有 1 个明显的主频率；C_3 时间序列波动也具有周期性（1 个循环），频谱分析中有 1 个明显的主频率（较 C_2 前移了 1 个单位）；C_4 时间序列显

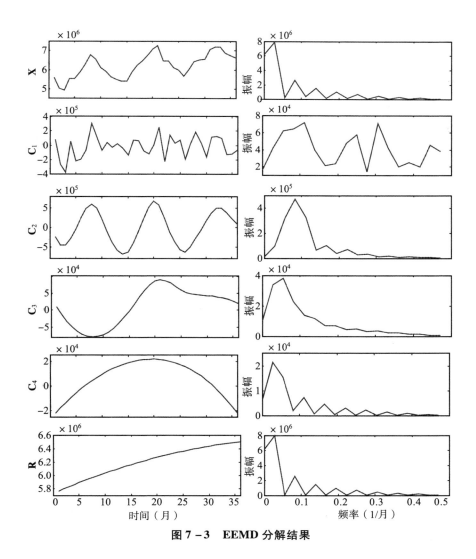

图 7 - 3   EEMD 分解结果

示为一个周期中的波峰，频谱分析中有 1 个明显的主频率（较 C_3 前移了 1 个单位）；R 时间序列为月供水量的余项，代表了 1#月供水量序列的趋势，且频谱分析结果与原序列的分析结果一致，表明分解已彻底。这个实验结果充分体现了 EEMD 分解方法的优势和性能，不需要人为设定分解模态个数，并且信息分解识别度较高（模态分解彻底）。

根据以上分析，拟将 C_2 至 C_4 结合［因为其具有相同（或整数倍）的频率带］，结果见图 7 - 4。从图中可以看出，结合后的 $IMF(C_2 + C_3 + C_4)$ 具有完整的周期波动，频谱分析中显示有 1 个明显的主频率，说明结合方式是合理的。根据频率和时间的关系，可得此频率（0.0833）对应的时间为 3，即认为结合的 IMF 周期为 3。

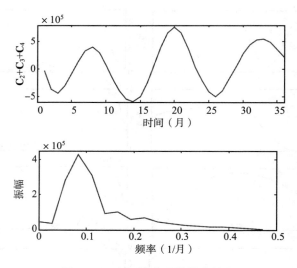

图 7 - 4　本征模态函数结合结果

根据以上结果，结合式（7 - 10），可以将 R 作为 1#月供水量时间序列的趋势项，记为 T；$C_2 + C_3 + C_4$ 作为周期项，记为 P；C_1 作为随机项，记为 **I**。EEMD 算法确定的特征项见图 7 - 5，由图可以看出，1#月供水量时间序列特征项提取合理，左图定性地表现了随机干扰、周期更替和趋势演变，右图定量的给出了各特征项的周期（**T** 为 1，**P** 为 3，**I** 没有明显主频率），符合前述判定依据。

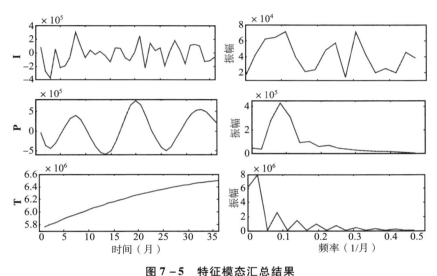

图 7 - 5　特征模态汇总结果

根据前述理论进行分别预测（ARIMA 用来预测 **T**；LSSVR 用来预测 **P**，输入—输出结构为 $\{x(n-1)，x(n-2)，x(n-3)\rightarrow x(n)\}$；ANFIS 用来预测 **I**，输入—输出结构为 $\{x(n-1)，x(n-3)\rightarrow x(n)\}$），建模数据组分类为前 30 个月数据作为训练集，后 6 个月数据（即第 31 个月至第 36 个月数据）作为测试集。

各子模型建模步骤见第 4 章，具体结构如下：

（1）ARIMA 模型

首先对 **T**（图 7 - 5）进行平稳性检验，结果见图 7 - 6。平稳性检验结果表明，1#月供水量时间序列的趋势项 LM 统计量均小于 1%、

5%和10%水平，说明 KPSS 检验假设成立，即 1#月供水量时间序列的趋势项是平稳的（$d=0$），可直接将原始时间序列进行 ARMA 建模。然后，对 ARMA 进行模型定阶，各模型结构见表 7-1（$p,q \in [0,3]$）。根据 AIC 在不同组合下的变化情况，可知最佳模型阶数为 $p=2$，$q=0$，此时的 AIC $=13.9273$（AIC 值最小）。所以，对 1#月供水量时间序列的趋势项预测采用 ARIMA 模型结构为 $p=2$，$q=0$，$d=0$，即 ARIMA（2，0，0）或 AR（2）。

（2）LSSVR 模型

根据图 7-5 结果确定的输入结构，对 1#月供水量时间序列的周期项进行预测，其中 LSSVR 模型参数 γ 和 σ^2 是按照第 4 章的描述方法（10-CV）来确定的。

Null Hypothesis: Y is stationary
Exogenous: Constant, Linear Trend
Bandwidth: 4 (Newey-West using Bartlett kernel)

		LM-Stat.
Kwiatkowski-Phillips-Schmidt-Shin test statistic		0.194899
Asymptotic critical values*:	1% level	0.216000
	5% level	0.146000
	10% level	0.119000

*Kwiatkowski-Phillips-Schmidt-Shin (1992, Table 1)

Residual variance (no correction)	3.20E+08
HAC corrected variance (Bartlett kernel)	1.18E+09

KPSS Test Equation
Dependent Variable: Y
Method: Least Squares
Date: 09/29/14   Time: 21:09
Sample: 1 30
Included observations: 30

	Coefficient	Std. Error	t-Statistic	Prob.
C	5802183.	6594.205	879.8912	0.0000
@TREND(1)	24966.04	390.4928	63.93470	0.0000

R-squared	0.993197	Mean dependent var	6164191.
Adjusted R-squared	0.992954	S.D. dependent var	220537.7
S.E. of regression	18512.41	Akaike info criterion	22.55461
Sum squared resid	9.60E+09	Schwarz criterion	22.64802
Log likelihood	-336.3192	Hannan-Quinn criter.	22.58449
F-statistic	4087.645	Durbin-Watson stat	0.060484
Prob(F-statistic)	0.000000		

图 7-6　平稳性检验结果（KPSS 检验）

表 7 - 1   ARIMA 模型参数设计及结果评估

序号	p	q	AIC	序号	p	q	AIC
1	0	1	14. 2245	9	2	3	15. 5732
2	0	2	15. 3589	10	3	1	15. 2378
3	0	3	15. 6801	11	3	2	15. 1629
4	1	1	15. 7027	12	3	3	14. 7739
5	1	2	15. 4345	13	1	0	14. 3298
6	1	3	15. 2407	**14**	**2**	**0**	**13. 9273**
7	2	1	15. 2789	15	3	0	14. 5302
8	2	2	15. 6088	16			

（3） ANFIS 模型

根据第 4 章描述的参数筛选原则，对 1# 月供水量时间序列的随机项进行预测，不同的参数组合（range of influence，squash factor，accept ratio，reject ratio）结果见表 7 - 2。根据表 7 - 2 可知，M3 结构预测结果最好（MAE 最小）。

表 7 - 2   ANFIS 模型参数设计及结果评估

模型	模型结构参数组合	MFs数量	MAE	模型	模型结构参数组合	MFs数量	MAE
M1	[0.5，1.25，0.5，0.15]	6	61908. 8	M4	[0.6，1.25，0.6，0.25]	4	32354. 1
M2	[0.5，1.5，0.6，0.2]	5	66780. 3	M5	[0.6，1.5，0.7，0.15]	4	32720. 5
M3	**[0.5，1.75，0.7，0.25]**	**3**	**29750. 0**	M6	[0.6，1.75，0.5，0.2]	2	37628. 6

模型	模型结构 参数组合	MFs 数量	MAE	模型	模型结构 参数组合	MFs 数量	MAE
M7	[0.7, 1.25, 0.7, 0.2]	4	36365.1	M9	[0.7, 1.75, 0.6, 0.15]	2	37630.4
M8	[0.7, 1.5, 0.5, 0.25]	2	38729.6				

利用以上训练好的子模型，分别对1#月供水量时间序列的趋势项、周期性和随机项进行测试预测，各子模型预测结果及最终结果见表7-3。

表7-3   预测结果及评价

预测时间	趋势项预测值	周期项预测值	随机项预测值	最终预测值	真实值
31	6506962	354006	240014.3	7100982	7060023
32	6523373	435917.2	251686.9	7210977	7207575
33	6539249	457558.7	190016.6	7186824	7191117
34	6554590	404751.5	-101198	6858144	6873374
35	6569397	368593.7	-255957	6682034	6738527
36	6583669	250653	-208885	6625437	6620723
评价指标	MAE 20848.61	MAPE 0.303	NRMSE 0.004		

从表7-3可以看出，加法预测模型取得的预测结果十分理想，与表4-18中所有模型相比，三项评价指标优化幅度很大，其中MAE误差降低了78991.33立方米/月~291037.18立方米/月，MAPE精度提高了1.117%~4.208%，NRMSE降低了0.0154~0.0419。说明此模型的建立是成功的，特别适合对样本量较少的月供水量时间序列进行预测。

图7-7表示基于加法模型的1#月供水量预测结果，上图为真实值与预测值比较曲线图，下图为两值之间的相关性分析图。

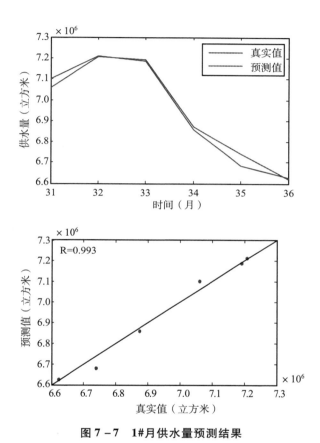

图7-7 1#月供水量预测结果

从图7-7可以看出，采用加法模型对1#月供水量序列的预测结果和相关性分析结果均优于单一预测模型（对比图4-5、图4-15、图4-22和图4-28（b）），拟合曲线对趋势和峰（谷）值偏差减小，预测值与真实值更加集中于理论拟合线两侧，相关系数R达到0.993，预测精度大大提高。实验结果说明，综合运用各模型特性拟合能力，加大信息利用率，从而显著提高了预测结果。

7.4.2 3#月供水量序列预测结果

图 7-8 表示的是 3#月供水量时间序列的 EEMD 分解结果及各

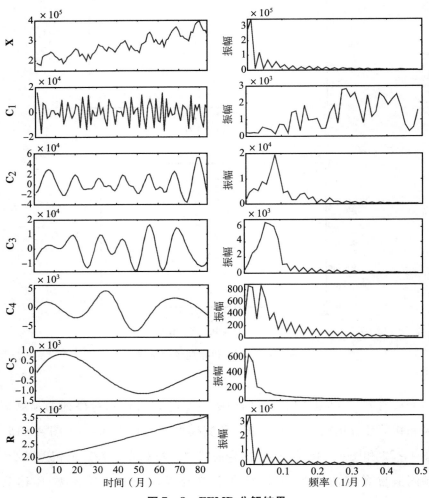

图 7-8 EEMD 分解结果

IMF 的频谱分析结果由图可以看出，C_1 时间序列波动杂乱，频谱分析中无明显的主频率，故可以将其作为随机项来处理；C_2 时间序列波动具有周期性（7 个循环），频谱分析中有 1 个明显的主频率；C_3 时间序列波动也具有一定的周期性（4 个循环），频谱分析中有 1 个明显的主频率（与 C_2 相近）；C_4 时间序列显示为两个周期，频谱分析中有 1 个明显的主频率（较 C_3 前移了 1 个单位）；C_5 时间序列虽然含有一个波峰和一个波谷，但频谱分析中的主频率与原序列的一致；R 时间序列为月供水量的余项，呈单调上升趋势，频谱分析结果与原序列的分析结果一致。

根据以上分析，将具有相同或相近频率的 IMF 结合（将 $C_2 \sim C_4$ 结合，C_5 和 R 结合），结果见图 7 – 9。从图中可以看出，结合后的 IMF（$C_2 + C_3 + C_4$）具有完整的周期波动，频谱分析中显示有 1 个明显的主频率，说明结合方式是合理的。根据频率和时间的关系，可得此频率（0.0833）对应的时间为 7，即认为结合的 IMF（$C_2 +$

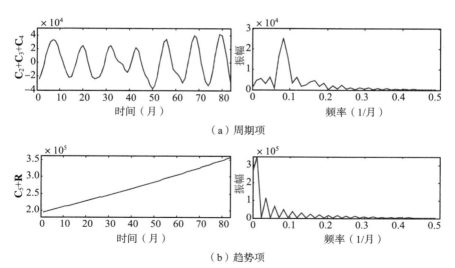

（a）周期项

（b）趋势项

图 7 – 9　本征模态函数结合结果

$C_3 + C_4$）周期为7。而结合后的 IMF（$C_5 + R$）代表了3#月供水量的发展趋势，频谱分析中显示的主频率对应的时间为1，故根据式（6-10）可以认为结合的 IMF（$C_5 + R$）属于趋势项。则剩下的 C_1 为随机项。

根据前述理论进行分别预测（ARIMA 用来预测 **T**；LSSVR 用来预测 **P**，输入—输出结构为 $\{x(n-1), x(n-2), \cdots, x(n-7) \rightarrow x(n)\}$；ANFIS 用来预测 **I**，输入—输出结构为 $\{x(n-1), x(n-5), x(n-9) \rightarrow x(n)\}$），建模数据组分类为前 72 个月数据作为训练集，后 12 个月数据（即第 73 个月至第 84 个月数据）作为测试集。

各子模型建模步骤见第 4 章，具体结构如下：

（1）ARIMA 模型

首先对 **T**（图 7-9（b））进行平稳性检验（见图 7-10）。平稳性检验结果表明，3#月供水量时间序列的趋势项 LM 统计量均大于 1%、5% 和 10% 水平，说明 KPSS 检验原始假设不成立，即原始序列是非平稳的。二次差分后序列的 LM 统计量均小于 1%、5% 和 10% 水平，说明 KPSS 检验假设成立，即二次差分序列是平稳的。经过二次差分后，3#月供水量时间序列转换成了平稳时间序列，即 $d=2$。

然后，进行模型定阶，各模型结构见表 7-4（$p, q \in [0, 5]$）。根据 AIC 在不同组合下的变化情况，可知最佳模型阶数为 $p=0$，$q=2$，此时的 $AIC = 6.4071$（AIC 值最小）。所以，对 3#月供水量时间序列的趋势项预测采用 ARIMA 模型结构为 $p=0$，$q=2$，$d=2$，即 ARIMA（0，2，2）。

（2）LSSVR 模型

根据图 7-9 结果确定的输入结构，对 3#月供水量时间序列的周期项进行预测，其中 LSSVR 模型参数 γ 和 σ^2 是按照第 4 章描述方法（10-CV）来确定的。

Null Hypothesis: Y is stationary
Exogenous: Constant
Bandwidth: 6 (Newey-West using Bartlett kernel)

		LM-Stat.
Kwiatkowski-Phillips-Schmidt-Shin test statistic		1.135455
Asymptotic critical values*:	1% level	0.739000
	5% level	0.463000
	10% level	0.347000

*Kwiatkowski-Phillips-Schmidt-Shin (1992, Table 1)

Residual variance (no correction)	1.46E+09
HAC corrected variance (Bartlett kernel)	9.22E+09

KPSS Test Equation
Dependent Variable: Y
Method: Least Squares
Date: 09/29/14 Time: 21:37
Sample: 1 72
Included observations: 72

	Coefficient	Std. Error	t-Statistic	Prob.
C	258681.0	4532.783	57.06891	0.0000

R-squared	0.000000	Mean dependent var	258681.0
Adjusted R-squared	0.000000	S.D. dependent var	38461.94
S.E. of regression	38461.94	Akaike info criterion	23.96652
Sum squared resid	1.05E+11	Schwarz criterion	23.99814
Log likelihood	-861.7946	Hannan-Quinn criter.	23.97911
Durbin-Watson stat	0.002339		

Null Hypothesis: D(Y,2) is stationary
Exogenous: Constant
Bandwidth: 6 (Newey-West using Bartlett kernel)

		LM-Stat.
Kwiatkowski-Phillips-Schmidt-Shin test statistic		0.569093
Asymptotic critical values*:	1% level	0.739000
	5% level	0.463000
	10% level	0.347000

*Kwiatkowski-Phillips-Schmidt-Shin (1992, Table 1)

Residual variance (no correction)	42.57841
HAC corrected variance (Bartlett kernel)	264.3046

KPSS Test Equation
Dependent Variable: D(Y,2)
Method: Least Squares
Date: 09/29/14 Time: 21:34
Sample (adjusted): 3 72
Included observations: 70 after adjustments

	Coefficient	Std. Error	t-Statistic	Prob.
C	5.229089	0.785543	6.656652	0.0000

R-squared	0.000000	Mean dependent var	5.229089
Adjusted R-squared	0.000000	S.D. dependent var	6.572327
S.E. of regression	6.572327	Akaike info criterion	6.617796
Sum squared resid	2980.489	Schwarz criterion	6.649917
Log likelihood	-230.6229	Hannan-Quinn criter.	6.630555
Durbin-Watson stat	0.007826		

（a）3#月供水量原始序列　　　　　（b）3#月供水量二次差分后序列

图 7 - 10　平稳性检验结果 （KPSS 检验）

表 7 - 4　　　　　ARIMA 模型参数设计及结果评估

序号	p	q	AIC	序号	p	q	AIC
1	0	1	6.6326	12	2	2	6.7752
2	**0**	**2**	**6.4071**	13	2	3	6.8317
3	0	3	6.5373	14	2	4	6.8071
4	0	4	6.6939	15	2	5	6.7824
5	0	5	6.7209	16	3	1	6.6799
6	1	1	6.6989	17	3	2	6.7156
7	1	2	6.6745	18	3	3	6.7921
8	1	3	6.7797	19	3	4	6.7641
9	1	4	6.7811	20	3	5	6.7622
10	1	5	6.7636	21	4	1	6.7865
11	2	1	6.7065	22	4	2	6.7982

序号	p	q	AIC	序号	p	q	AIC
23	4	3	6.7729	29	5	4	6.7346
24	4	4	6.7587	30	5	5	6.6897
25	4	5	6.7434	31	1	0	6.6986
26	5	1	6.7759	32	2	0	6.6582
27	5	2	6.7580	33	3	0	6.7196
28	5	3	6.7453	34	4	0	6.7565

（3） ANFIS 模型

3#月供水量时间序列的随机项预测的不同建模参数组合结果见表 7-5。根据表 7-5 可知，M8 结构预测结果最好（MAE 最小）。

表 7-5 　　　　　　　ANFIS 模型参数设计及结果评估

模型	模型结构参数组合	MFs数量	MAE	模型	模型结构参数组合	MFs数量	MAE
M1	[0.5, 1.25, 0.4, 0.1]	6	5594.7	M6	[0.6, 1.75, 0.4, 0.15]	2	1669.8
M2	[0.5, 1.5, 0.5, 0.15]	5	7444.2	M7	[0.7, 1.25, 0.6, 0.15]	3	2848.7
M3	[0.5, 1.75, 0.6, 0.2]	3	2879.3	**M8**	**[0.7, 1.5, 0.4, 0.2]**	**2**	**1659.9**
M4	[0.6, 1.25, 0.5, 0.2]	4	4710.1	M9	[0.7, 1.75, 0.5, 0.1]	2	1704.7
M5	[0.6, 1.5, 0.6, 0.1]	5	4628.4				

利用以上训练好的子模型，分别对 3#月供水量时间序列的趋势

项、周期性和随机项进行测试预测，各子模型预测结果及最终结果见表7-6。从表7-6可以看出，加法预测模型取得的预测结果十分理想，与表4-21中模型相比，三项评价指标均有所提高，其中MAE误差降低了6388.546立方米/月～8759.052立方米/月，MAPE精度提高了1.929%～2.525%，NRMSE降低了0.0195～0.0307。

表7-6　　　　　　　　　　预测结果及评价

预测时间	趋势项预测值	周期项预测值	随机项预测值	最终预测值	真实值
73	329671.1	-22045	3843.351	311469.4	308010
74	331777.2	-29531.8	5227.458	307472.9	304150
75	333879.9	-30579.4	-11198.4	292102.1	295350
76	335978.5	-8600.68	10449.47	337827.3	341120
77	338072.2	17708.86	-4395.31	351385.7	339130
78	340160	33583.41	5223.504	378967	376690
79	342241.3	39202.3	2660.656	384104.2	388920
80	344315.1	41929.24	9575.016	395819.4	396710
81	346380.7	26416.92	-5552.79	367244.8	372630
82	348437.2	10115.05	-8764.41	349787.8	348420
83	350483.8	-3073.77	5547.522	352957.5	348260
84	352519.6	-15332.8	3300.617	340487.5	330000
评价指标	MAE 4624.992	MAPE 1.361	NRMSE 0.0164		

图7-11表示基于加法模型的3#月供水量预测结果，图7-11（a）为真实值与预测值比较曲线图，图7-11（b）为两值之间的相关性分析图。

从图7-11可以看出，采用加法模型对3#月供水量序列的预测效果仍然表现出优于单一预测模型的能力［对比图4-11、图4-18、

图 4 – 25 和图 4 – 28（e）］，拟合曲线对趋势、峰（谷）值和拐点有优秀的追踪能力，预测值与真实值更加集中于理论拟合线两侧，相关系数 R = 0.986，预测精度大大改善。

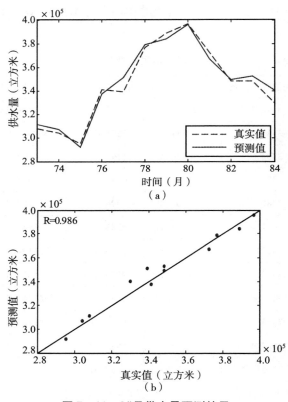

图 7 – 11　3#月供水量预测结果

综合 1#和 3#月供水量预测结果，说明 ARIMA 对趋势拟合、AN-FIS 对随即干扰捕获和 LSSVR 对周期学习的加法组合策略，对月供水量的混合特性具有较强的敏感性。同时，加法模型适用于不同规模、数据样本少且长度不一样的时间序列，具有一定的普适性。

7.5 本 章 小 结

  本章针对月供水量的年度季节性特征，利用加法模型对其进行预测。首先，本书选择 EEMD 做特征提取，较传统的差分方法和小波技术更具有自适应性；其次，根据第 4 章对传统预测模型和基于数据挖掘的预测模型研究成果，以及时间序列性质所决定的模型使用条件，确定了以 ARIMA 预测月供水量趋势、LSSVR 预测周期、ANFIS 预测随机变化的子模型组合；最后，根据加法理论将子模型中的结果进行整合，得到最终预测值。与单一方法比较，由于提高了数据特征与模型的契合度，使得加法模型更具有优势性，并且适用于不同规模水厂、不同历史时间序列长度的月供水量预测。

第 8 章

总　　结

8.1　结　　论

　　城市供水量的准确预测在城市供水系统的优化调度决策中起着重要作用，本书在前人研究的基础上，结合混沌理论、机器学习技术及时间序列特性分析结果对日、月供水量的预测方法进行了较为深入和系统的研究，并利用重庆市主城区和部分区县的实测日、月供水量观测数据资料对所提出的预测理论和模型进行了相应的实例验证和分析探讨，并得出了以下结论：

　　①供水量时间序列经过相空间重构后，利用混沌辨识技术分析发现城市日、月供水量时间观测数据序列均存在明显的混沌成分（能量谱结论），同时最大 Lypaunov 指数值均大于零，定量说明被研究序列具有混沌特性。所以，五个日、月供水量时间序列均具有可预测性，预测工作具有实际意义。

　　②考察了四种较为经典的模型：ARIMA，BPNN，ANFIS 和 LSS-

VR，分别代表传统统计学模型和基于新技术的预测方法（神经网络模型和学习机模型）。对于具有混沌特性、受外在因素影响的日供水量序列的预测问题，考虑混沌理论与预测方法的结合十分有必要。由于混沌时间序列在相空间重构前变化特性不明显（时序图中显示类随机性），经过重构后的各相点在高维特征空间中将依照一种明显的规律运动（混沌运动），而这种具有规律的运动可以由函数关系来反映。利用这种规律，本书在 BPNN、ANFIS 和 LSSVR 模型预测的基础上，提出了结合混沌理论和相空间重构预测模型，并应用于城市日供水量预测。通过对这四种模型对比发现，LSSVR 在日供水量预测方面具有较好的拟合性，而在月供数量预测方面较差，这可能是由于月供水量数据较少导致的。鉴于以上方法对比分析，选用具有结构风险最小化特点的 LSSVR 作为本书日供水量的回归预测模型。

③为了放大日供水量的细节特性，加强预测模型的适用性，利用局部建模方法，提出一种基于多尺度二乘支持向量回归的预测模型，通过静态小波分解将用水量非平稳时间序列分解为不同尺度的平稳时间序列，然后在分解后的各子序列分别建立相关二乘支持向量回归模型进行预测，最后通过小波逆变换将各子序列预测结果整合得出原始用水量时间序列的预测值。实例分析表明，所提出的预测模型有利于预测精度和预测结果稳定性的提高。

④在混沌时间序列预测时，应该注意到混沌是确定的，即混沌服从一定的规则，然而它具有有限的预测能力。Lyaounov 指数表征了系统临近轨道的发散程度。临近轨道的发散与否意味着对初始信息的遗忘或保留，因此可以用 Lyaounov 指数来确定可预测性期限。在混沌时间序列中，最大可预测时间尺度为系统最大 Lyaounov 指数的倒数。同时，考虑到日供水量的时变性，模型精度随这种时变性会降低，模型结构退化，所以鉴于这些原因，提出了一种基于变结构支持向量回归

的城市供水量动态预测模型。利用城市日用水量的历史数据训练支持向量机，得到模型结构参数历史数据序列，然后利用数据同化方法——扩展卡尔曼滤波器对模型结构参数组进行估计，最后用模型结构参数估计量来更新模型结构并预测下一天日用水量。通过这种方式，实现预测模型结构的动态更新。实例分析表明，所提出的预测模型克服了模型精度随时间变化降低的缺点，在损失了部分运算时间的基础上，提高了模型动态预测能力。

⑤月供水量与日供水量相比，具有更加明显的特性：周期性和趋势性。第 4 章的对比结果说明了单一预测模型对于此类问题的局限性，不同特性决定了采用相应预测模型才能够得到较为理想的预测精度。所以，作者采用时间序列加法模型对月供水量进行预测。即在实际应用中从时间序列中提取出趋势项、周期项和随机项，分别预测后叠加在一起作为下一时间段的预测值。实例分析表明，通过 EEMD 和 FT 方法的特性提取，并采用第 4 章的模型性能评价结果来确定各 IMF 上的最佳子模型来预测，所提出的预测模型综合了不同模型对于不同变化规律的适应性和追踪性，可以提高特性预测能力，从而通过加法模型整合提高了整体预测精度。

8.2　主要创新点

①对日和月城市供水量时间序列进行了混沌特性分析，结果表明其序列也具有一定的混沌特性，这一结果扩充了供水量时间序列混沌特性分析的范围（目前，文献中只有对小时供水量混沌特性进行识别和分析）。

②为了提高跟踪不同供水量时间序列特性的能力，作者提出并开

发出了三种时间序列特性驱动的城市供水量预测方法。实例分析表明这三种模型对于日供水量的静态细节特性、动态时变性和月供水量的年、季变化性有较高的拟合能力。

③用于预测模型开发的数据均收集于实际自来水公司，并且供水规模多样化，为模型建立的评估提供了很好的数据支持。通过实例验证，开发的三种预测模型在大、中、小不同规模自来水厂的水量预测中得到了成功的验证。

参 考 文 献

［1］ 中华人民共和国国家统计局. 中国统计年鉴. 2017.

［2］ 中华人民共和国住房和城乡建设部，国家发展和改革委员会. 全国城镇供水设施改造与建设"十二五"规划及 2020 年远景目标. 建城〔2012〕82 号.

［3］ 中华人民共和国住房和城乡建设部，国家发展和改革委员会. 全国城市市政基础设施规划建设"十三五"规划. 2017 年 5 月.

［4］ 中华人民共和国住房和城乡建设部. 2016 年城乡建设统计公报. 2017 年 8 月.

［5］ 吕谋，张土乔，赵洪宾. 大规模供水系统直接优化调度方法 ［J］. 水利学报，2001（7）：84－90.

［6］ 翟光日. 基于节能的给水管网运行研究 ［D］. 哈尔滨：哈尔滨工业大学，2014.

［7］ Bakker M. ，Vreeburg J. H. G. ，Palmen L. J. ，et al. Better water quality and higher energy efficiency by using model predictive flow control at water supply systems ［J］. Journal of Water Supply：Research and Technology－AQUA，2013，62（1）：1－13.

［8］ Giacomello C. ，Kapelan Z. ，Nicolini M. Fast hybrid optimization method for effective pump scheduling ［J］. Journal of Water Resources Planning and Management，2013，139（2）：175－183.

［9］谢宇．回归分析［M］．北京：社会科学文献出版社，2010．

［10］张雅君，刘全胜，冯翠敏．多元线性回归分析在北京城市生活需水量预测中的应用［J］．给水排水，2003，29（4）：26－29．

［11］龙德江．基于主成分回归分析的城市需水量预测［J］．水科学与工程技术，2010（10）：17－19．

［12］鞠佳伟，宋良喜，马晓明．苏州市吴江区日供水量预测模型的建立与应用［J］．中国给水排水，2017（23）：141－144．

［13］Yasar A．，Bilgili M．，Simsek E. Water demand forecasting based on stepwise multiple nonlinear regression analysis［J］．Arabian Journal for Science and Engineering，2012，37（8）：2333－2341．

［14］Mays L. W. Water demand forecasting［A］．McGraw－Hill，1992：24－32．

［15］Brekke L．，Larsen M. D．，Ansbum M．，et al. Suburban Water demand modeling using stepwise regression［J］．American Water Works Association，2002，94（10）：108－112．

［16］李晓峰，刘光中，贺昌政．成都市居民生活用水量预测模型选择［J］．四川大学学报，2001，33（6）：104－107．

［17］周申蓓，刘亚灵，郑士鹏，等．工业用水量测算方法及应用［J］．水利经济，2017，35（1）：40－44．

［18］魏光辉．基于水土生态可持续的干旱区绿洲水资源利用研究［D］．乌鲁木齐：新疆农业大学，2015．

［19］李稳，宋伟，张凤娥，等．趋势面分析方法在农业需水量预测中的应用［J］．安徽农业科学，2012，40（3）：1624－1625．

［20］Box G. P．，Jenkins G. M. Time series analysis：forecasting and control［M］．San Francisco：Holden－Day，1976．

［21］赵凌，张健，陈涛．基于ARIMA的乘积季节模型在城市供水

量预测中的应用 [J]. 水资源与水工程学报, 2011, 22 (1): 58 –62.

[22] 练庭宏, 刘秋娟, 王景成. 基于 ARIMA 时序辨识的需水量预测 [J]. 控制工程, 2008, 15: 162 –164.

[23] 吉乔伟, 毛根海, 郑冠军, 等. 基于改进 ARMA 模型的时用水量预测 [J]. 江南大学学报 (自然科学版), 2008, 7 (2): 216 –220.

[24] Shvartser L. , Shamir U. , Feldman M. Forecasting hourly water demands by pattern recognition approach [J]. Journal of Water Resources Planning and Management, 1993, 119 (6): 611 –627.

[25] Mombeni H. A. , Rezaei S. , Nadarajah S. , et al. Estimation of water demand on SARIMA models [J]. Environmental Modeling and Assessment, 2013, 18 (5): 559 –565.

[26] Yalçıntaş M. , Bulu M. , Küçükvar M. , et al. A framework for sustainable urban water management through demand and supply forecasting: The case of Istanbul. Sustainability, 2015, 7 (8): 11050 –11067.

[27] Fayyad U. M. Data mining and knowleged discovery: Making sence out of data [J]. IEEE Expert, 1996, 11 (5): 20 –25.

[28] Russell S. , Norvig P. Artificial intelligence: A modern approach (third edtion) [M]. Prentice Hall, 2009.

[29] 尹朝庆. 人工智能与专家系统 [M]. 北京: 中国水利水电出版社, 2009.

[30] Hastie T. , Tibshirani R. , Friedman J. The elements of statistical learning: Data mining, inference, and prediction [M]. Springer, 2009.

[31] Kantardzic M. Data mining: Concepts, models, methods, and algorithms (second edition) [M]. Wiley, 2011.

[32] Mariscal G. , Marban O. , Fernandez C. A survey of data mining and knowledge discovery process models and methodologies [J]. Knowl-

edge Engineering Review，2010，25（2）：137－166.

［33］Solomatine D. P. Application of data-driven modeling and machine learning in control of water resources［J］. Computational Intelligence in Control，2002：197－217.

［34］Mikut R.，Reischl M. Data mining tools［J］. Wiley Interdisciplinary Reviews：Data Mining and Knowledge Discovery，2011，1（5）：431－443.

［35］李适宇，厉红梅，林亲铁. 深圳市供水量 BP 神经网络预测［J］. 给水排水，2004，30（12）：105－109.

［36］刘洪波，张宏伟，田林. 人工神经网络法预测时用水量［J］. 中国给水排水，2002，18（12）：39－41.

［37］袁一星，兰宏娟，赵洪宾，等. 城市用水量 BP 网络预测模型［J］. 哈尔滨建筑大学学报，2002，35（3）：56－58.

［38］杨艳，李靖，马显莹，等. 基于小波神经网络的城市用水量长期预测研究［J］. 云南农业大学学报，2010，25（2）：272－276.

［39］刘洪波，张宏伟，闫晓强. 城市供水管网水量预测的小波神经网络方法［J］. 天津大学学报，2005，38（7）：636－639.

［40］刘俊萍，畅明琦. 径向基函数神经网络需水量预测研究［J］. 水文，2007，27（5）：12－15.

［41］王宝庆，马奇涛，王德庆. 径向基函数神经网络预测城市用水量模型及应用［J］. 供水技术，2010，4（3）：28－30.

［42］孙月峰，闫雅飞，张表志，等. 基于 T－S 模型的模糊神经网络城市需水量预测方法研究［J］. 安全与环境学报，2013，13（2）：136－139.

［43］钱光兴，崔文东. RBF 与 GRNN 神经网络模型在城市需水

预测中的应用 [J]. 水资源与水工程学报, 2012, 23 (5): 148 –152.

[44] 占敏, 薛惠锋, 王海宁, 等. 贝叶斯神经网络在城市短期用水预测中的应用 [J]. 南水北调与水利科技, 2017, 15 (3): 73 –79.

[45] 蒋白懿, 牟天蔚, 王玲萍. 灰色遗传神经网络模型对居民年需水量预测 [J]. 给水排水, 2018 (1): 137 –142.

[46] Ghiassi M., Zimbra D., Saidane H. Urban water demand forecasting with a dynamic artificial neural network model [J]. Journal of Water Resources Planning and Management, 2008, 134: 138 – 146.

[47] Adamowski J., Chan H. F., Prasher S., et al. Comparison of multiple linear and nonlinear regression, autoregressive integrated moving average, artificial neural network, and wavelet artificial neural network methods for urban water demand forecasting in Montreal, Canada [J]. Water Resources. Research, 2012, 48, W01528, doi: 10. 1029/2010WR009945.

[48] Firat M., Turan M. E., Yurdusev M. A. Comparative analysis of neural network techniques for water consumption time series [J]. Journal of Hydrology, 2010, 384: 46 – 51.

[49] Bougadis J., Adamowski K., Diduch R. Short-term municipal water demand forecasting [J]. Hydrological Processes, 2005, 19: 137 –148.

[50] Adamowski J., Karapataki C. Comparison of multivariate regression and artificial neural networks for peak urban water-demand forecasting: Evaluation of different ANN learning algorithms [J]. Journal of Hydrologic Engineering, 2010, 15 (10): 729 –743.

[51] Bennett C., Stewart R. A., Beal C. D. ANN – based residen-

tial water end-use demand forecasting model [J]. Expert Systems with Applications, 2013, 40 (4): 1014 – 1023.

[52] Adamowski J. Peak daily water demand forecast modeling using artificial neural networks [J]. Journal of Water Resources Planning and Management, 2008, 134 (2): 119 – 128.

[53] Minu K. K., Lineesh M. C., Jessy John C. Wavelet neural networks for nonlinear time series analysis [J]. Applied Mathematical Sciences, 2010, 4 (50): 2485 – 2495.

[54] Tiwari M. K., Adamowski J. Urban water demand forecasting and uncertainty assessment using ensemble wavelet-bootstrap-neural network models [J]. Water Resources Research, 2013, 49 (10): 6486 – 6507.

[55] Li C., Bai Y., Zeng B. Deep feature learning architectures for daily reservoir inflow forecasting [J]. Water Resources Management, 2016, 30 (14): 5145 – 5161.

[56] 刘思峰, 谢乃明. 灰色系统理论及其应用 (第六版) [M]. 北京: 科学出版社, 2013.

[57] 马溪原, 王暖. 基于MATLAB的灰色模型在城市月供水预测中的应用 [J]. 市政技术, 2008, 26 (4): 368 – 369.

[58] 徐洪福, 袁一星, 赵洪宾. 灰色预测模型在年用水量预测中的应用 [J]. 哈尔滨建筑大学学报, 2001, 34 (4): 61 – 64.

[59] 陈为亚. 城市年需水量的灰色预测探讨 [J]. 资源环境与工程, 2007, 21 (1): 47 – 49.

[60] 王弘宇, 马放, 杨开, 等. 灰色新陈代谢GM (1, 1) 模型在中长期城市需水量预测中的应用研究 [J]. 武汉大学学报 (工学版), 2004, 37 (6): 32 – 35.

[61] 杜懿, 麻荣永. 不同改进灰色模型在广西年用水量预测中

的应用研究 [J]. 水资源与水工程学报, 2017, 28 (3): 87 – 90.

[62] 王志良, 谢敏萍, 王得利. 城市用水灰色动态预测模型的研究与应用 [J]. 水土保持研究, 2016, 14 (4): 430 – 432.

[63] 张雅君, 刘全胜. 城市需水量灰色预测的探讨 [J]. 中国给水排水, 2002, 18 (3): 79 – 81.

[64] 刘思峰, 邓聚龙. GM (1, 1) 模型的适用范围 [J]. 系统工程理论与实践, 2000 (5): 121 – 124.

[65] Bishop C. M. Pattern recognition and machine learning [M]. Springer, 2006.

[66] Langley P. Elements of machine learning [M]. Morgan Kaufmann, 1996.

[67] Langley P., Simon, H. A. Applications of machine learning and rule induction [J]. Communications of the ACM, 1995, 38 (11): 54 – 64.

[68] Alpaydin E. Introduction to machine learning [M]. MIT press, 2004.

[69] Cortes C., Vapnik V. Support vector machine [J]. Machine learning, 1995, 20 (3): 273 – 297.

[70] Tipping M. E. The relevance vector machine [J]. Advances in Neural Information Processing System, 2000, 12: 652 – 658.

[71] 李方方, 赵英凯, 颜昕. 基于 Matlab 的最小二乘支持向量机的工具箱及其应用 [J]. 计算机应用, 2006, 26: 358 – 360.

[72] Tipping M. E. Sparse Bayesian learning and the relevance vector machine [J]. Journal of Machine Learning Research, 2001, 1: 211 – 244.

[73] 陈磊, 张土乔. 基于最小二乘支持向量机的时用水量预测

模型［J］. 哈尔滨工业大学学报, 2006, 38 (9): 1528 - 1530.

［74］ 俞亭超, 张土乔, 柳景青. 峰值识别的 SVM 模型及在时用水量预测中的应用［J］. 系统工程理论与实践, 2005, 1: 134 - 139.

［75］ 陈磊. 基于 v - 支持向量机的时用水量预测模型［J］. 应用基础与工程科学学报, 2009, 17 (4): 543 - 548.

［76］ 刘纬芳, 刘成忠. 基于 GSM 和 SVM 的区域年用水量回归预测模型研究［J］. 沈阳农业大学报, 2011, 42 (2): 238 - 240.

［77］ 罗华毅, 王景成, 杨丽雯, 等. 基于时差系数的城市原水需水量预测应用［J］. 上海交通大学学报, 2017, 51 (10): 1260 - 1267.

［78］ Herrera M. , Torgo L. , Izquierdo J. , et al. Predictive models for forecasting hourly urban water demand. Journal of Hydrology, 2010, 387 (1 - 2): 141 - 150.

［79］ Msiza I. S. , Nelwamondo F. V. , Marwala T. Water demand prediction using artificial neural networks and support vector regression［J］. Journal of Computers, 2008, 3 (11): 1 - 8.

［80］ Bahagwat P. , Maity R. Multistep-ahead river flow prediction using LS - SVR at daily scale［J］. Journal of Water Resource and Protection, 2012, 4 (7): 528 - 539.

［81］ Bai Y. , Wang P. , Li C, Xie J. J. , Wang Y. A multi-scale relevance vector regression approach for daily urban water demand forecasting［J］. Journal of Hydrology, 2014, 517: 236 - 245.

［82］ Mouatadid S. , Adamowski J. Using extreme learning machines for short-term urban water demand forecasting［J］. Urban Water Journal, 2016, 14 (6): 630 - 638.

［83］ Wei S. , Lei A. , Islam S. Modeling and simulation of industrial water demand of Beijing municipality in China [J]. Frontiers of Environmental Science and Engineering in China, 2010, 4 (1): 91 – 101.

[84] Mohamed M., Al – Mualla A. Water demand forecasting in Umm Al – Quwain (UAE) using the IWR – MAIN Specify Forecasting model [J]. Water Resources Management, 2010, 24 (14): 4093 – 4120.

[85] Mohamed M., Al – Mualla A. Water demand forecasting in Umm Al – Quwain using the constant rate model [J]. Desalination, 2010, 259 (1 – 3): 161 – 168.

[86] 陶涛, 刘遂庆. 基于分形理论的需水量预测方法 [J]. 同济大学学报 (自然科学版), 2004, 32 (12): 1647 – 1650.

[87] 张宏伟, 陆仁强, 牛志广. 基于分形理论的城市日用水量预测方法 [J]. 天津大学学报, 2009, 42 (1): 56 – 59.

[88] Bruce Billings R., Agthe D. State-space versus multiple regression for forecasting urban water demand [J]. Journal of Water Resources Planning and Management, 1998, 124 (2): 113 – 117.

[89] Alcamo J., Döll P., Henrichs T., et al. Development and testing of the WaterGAP2 global model of water use and availability [J]. Hydrological Sciences Journal, 2003, 48 (3): 317 – 337.

[90] 义燕莲. 基于粗糙集理论的水务决策支持系统的研究与实现 [D]. 长沙: 国防科学技术大学, 2012.

[91] Solomatine D. P., Dulal K. N. Model trees as an alternative to neural networks in rainfall-runoff modeling [J]. Hydrological Sciences, 2003, 48 (3): 399 – 411.

[92] Solomatine D. P., Xue Y. P. M5 model trees and neural networks: Application to flood forecasting in the upper reach of the Huai River in China [J]. Hydrologic Engineering, 2004, 9 (6): 491 – 501.

［93］Chen G. , Long T. , Xiong J. , et al. . Multiple random forests modelling for urban water consumption forecasting［J］. Water Resources Management，2017，31（15）：4715－4729.

［94］李晶晶，李俊，黄晓荣，等. 系统动力学模型在青白江区需水预测中的应用［J］. 环境科学与技术，2017，4：200－205.

［95］栾勇，刘家宏. 分布式城市需水预测模型［J］. 科学通报，2017，62（24）：2770－2779.

［96］Bates J. M. , Granger C. W. J. The combination of forecasts［J］. Operation Research，1969，451－468.

［97］尹学康，韩德宏. 城市需水量预测［M］. 北京：中国建筑工业出版社，2006.

［98］张倩，沈利，蔡焕杰，等. 基于灰色理论和回归分析的需水量组合预测研究［J］. 西北农林科技大学学报（自然科学版），2010，38（8）：223－227.

［99］李黎武，施周. 基于小波支持向量机的城市用水量非线性组合预测［J］. 中国给水排水，2010，26（1）：54－59.

［100］李斌，许仕荣，柏光明，等. 灰色——神经网络组合模型预测城市用水量［J］. 中国给水排水，2002，18（2）：66－68.

［101］王圃，陈荣艳，孙晓楠，等. 加权组合模型在城市用水量预测中的应用［J］. 应用基础与工程科学学报，2010，18（3）：428－433.

［102］王自勇，王圃. 组合模型在城市用水量预测中的应用［J］. 中国给水排水，2008，24（12）：37－39.

［103］田一梅，汪泳，迟海燕. 偏最小二乘与灰色模型组合预测城市生活需水量［J］. 天津大学学报（自然科学与工程技术版），2004，37（4）：322－325.

［104］景亚平，张鑫，罗艳. 基于灰色神经网络与马尔科夫链的

城市需水量组合预测 [J]. 西北农林科技大学学报（自然科学版），2011，39 (7)：229 – 234.

[105] 孙强，王秋萍. 融合粗糙集和灰色 GM (1，N) 的西安市供水量预测 [J]. 计算机工程与应用，2013，49 (11)：237 – 240.

[106] 张灵，陈晓宏，刘丙军，等. 基于 AGA 的 SVM 需水预测模型研究 [J]. 水文，2008，28 (1)：38 – 42，46.

[107] 孙晓婷，刘年东，杜坤，等. 混沌局域法与神经网络组合供水量预测 [J]. 土木建筑与环境工程，2017，39 (5)：135 – 139.

[108] Pulido – Calvo I., Montesinos P., Roldán J., et al. Linear regressions and neural approaches to water demand forecasting in irrigation districts with telemetry systems [J]. Biosystems Engineering, 2007, 97 (2)：283 – 293.

[109] Nasseri M., Moeini A., Tabesh M. Forecasting monthly urban water demand using Extended Kalman Filter and Genetic Programming [J]. Expert Systems with Applications, 2011, 38 (6)：7387 – 7395.

[110] Zhang G. P. Time series forecasting using a hybrid ARIMA and neural network model [J]. Neurocomputing, 2003, 50：159 – 175.

[111] Odan F. K., Reis L. F. R. Hybrid water demand forecasting model associating artificial neural network with Fourier series [J]. Journal of Water Resources Planning and Management, 2012, 138 (3)：245 – 256.

[112] Cai X., McKinney D. C., Lasdon L. S. Solving nonlinear water management models using a combined genetic algorithm and linear Programming approach [J]. Advance in Water Resources, 2001, 24 (6)：667 – 676.

[113] Huang L., Zhang C., Peng Y., Zhou H. Application of a

combination model based on wavelet transform and KPLS – ARMA for urban annual water demand forecasting [J]. Journal of Water Resources Planning and Management, 2014, 140 (8): 04014013.

[114] Azadeh A. , Neshat N. , Hamidipour H. Hybrid regression-artificial network for improvement of short-term water consumption estimation and forecasting in uncertain and complex environment: Case of a large metropolitan city [J]. Journal of Water Resources Planning and Management, 2012, 138 (1): 71 – 75.

[115] Sardinha – Lourenço A. , Andrade – Campos A. , Antunes A. , et al. Increased performance in the short-term water demand forecasting through the use of a parallel adaptive weighting strategy [J]. Journal of Hydrology, 2018, 558: 392 – 404.

[116] House – Peters L. A. , Chang, H. Urban water demand modeling: Review of concepts, methods, and organizing principles [J]. Water Resources Research, 2011, 47 (5), 1837 – 1840.

[117] Donkor E. A. , Mazzuchi, T. A. , Soyer, R. , et al. Urban water demand forecasting: A review of methods and models [J]. Journal of Water Resources Planning and Management, 2014, 140 (2): 146 – 159.

[118] Khedun C. P. , Flores R. S. , Rughoonundun H. , et al. World water supply and use: Challenges for the future [J]. Encyclopedia of Agriculture and Flood Systems, 2014: 450 – 465.

[119] Swamee P. K. , Sharma A. K. Design of water supply pipe networks [M]. Wiley, 2008.

[120] Song X. The role of water conservation and its prospects for the development of urban water supply in China [J]. JWSRT – Aqua, 1989,

38：236 – 239.

［121］吉方英，曾曜，刘涛，等．小城镇用水量变化特性研究
［J］．中国农村水利水电，2006（6）：13 – 17.

［122］Nnaji C. C．，Eluwa C.，Nwoji C. Dynamic of domestic water
supply and consumption in a semi-urban Nigerian city［J］. Habitat Interna-
tional，2013，40：127 – 135.

［123］Zhou S. L.，McMahon T. A.，Walton A.，et al. Forecasting
operational demand for an urban water supply zone［J］. Journal of Hydrolo-
gy，2002，259：189 – 202.

［124］柳景青．调度时用水量预测的系统理论方法与应用研究
［D］．杭州：浙江大学，2005.

［125］范剑锋．时间序列数据特征选择和预测方法研究［D］．南
京：南京大学，2016.

［126］李乐．时空序列数据预处理方法研究［D］．北京：中国科
学院大学，2017.

［127］Shannon C. E. A mathematical theory of communication［J］. Bell
Systerm Technical Journal，1948，27（4）：623 – 656.

［128］张振海，李士宁，李志刚，等．一类基于信息熵的多标签
特征选择算法［J］．计算机研究与发展，2013，50（6）：1177 –
1184.

［129］陈玉明，吴克寿，李向军．一种基于信息熵的异常数据挖
掘算法［J］．控制与决策，2013（6）：867 – 872.

［130］张群，张雯，李飞雪，等．基于信息熵和数据包络分析的
区域土地利用结构评价—以常州市武进区为例［J］．长江流域资源与
环境，2013，22（9）：1149 – 1155.

［131］Malekian A.，Azarnivand A. Application of integrated Shannon's entropy and VIKOR techniques in prioritization of flood risk in the Shemshak Watershed, Iran [J]. Water Resources Management, 2016, 30 (1): 409 – 425.

[132] Sinai Y. G. Chaos Theory yestoday, today and tomorrow [J]. Journal of Statistical Physics, 2010, 138 (1 – 3): 2 – 7.

[133] 唐巍, 李殿璞, 陈学允. 混沌理论及其应用研究 [J]. 电力系统自动化, 2000, 24 (7): 67 – 70.

[134] 李新杰, 胡铁松, 郭旭宁, 等. 不同时间尺度的径流时间序列混沌特性分析 [J]. 水利学报, 2013, 44 (5): 515 – 520.

[135] 余波, 周英, 刘祖涵, 等. 基于混沌理论的兰州市近 10a 空气污染指数时间序列分析 [J]. 干旱区地理, 2014, 37 (3): 570 – 578.

[136] 康耀红. 数据融合理论与应用 [M]. 西安: 西安电子科技大学出版社, 2006.

[137] Zhang J., Lin X., Guo B. Multivariate copula-based joint probability distribution of water supply and demand in irrigation district [J]. Water Resources Management, 2016, 30 (7): 2361 – 2375.

[138] 张锐, 王本德, 张双虎, 等. 贝叶斯判别分析在中长期径流预报中的应用研究 [J]. 水文, 2015, 35 (5): 1 – 5.

[139] Tayfur G., Brocca L. Fuzzy logic for rainfall-runoff modelling considering soil moisture [J]. Water Resources Management, 2015, 29 (10): 3519 – 3533.

[140] Patil S. K., Valunjkar S. S. Utility of coactive neuro-fuzzy inference system for runoff prediction in comparison with multilayer perception [J]. International Journal of Engineering Research, 2016, 5 (1): 156 – 160.

[141] 王涛, 杨开林, 郭新蕾, 等. 基于网络的自适应模糊推理

系统在冰情预报中的应用 [J]. 水利学报, 2012, 43 (1): 112 – 117.

[142] Lin G. , Liang J. , Qian Y. An information fusion approach by combining multigranulation rough sets and evidence theory [J]. Information Sciences, 2015 (314): 184 – 199.

[143] 徐炜, 梁国华, 王本德. 基于二阶聚类与粗糙集的实时洪水分类预报模型研究 [J]. 水力发电学报, 2013, 32 (2): 60 – 67.

[144] 丁小玲, 周建中, 陈璐, 等. 基于模糊集合理论和集对原理的径流丰枯分类方法 [J]. 水力发电学报, 2015, 34 (5): 4 – 9.

[145] Mandelbrot B. How long is the coast of britain? Statistical self-similarity and fractional dimension [J]. Science, 1967, 156 (3775): 636 – 638.

[146] Norton A. Reviews: Measure, Topology, and Fractal Geometry [J]. Undergraduate Texts in Mathematics, 2007 (14): 378 – 382.

[147] 朱少卿, 董锁成, 李泽红, 等. 基于分形维数测算的西安古城道路网研究 [J]. 地理研究, 2016, 35 (3): 561 – 571.

[148] 倪志伟, 朱旭辉, 程美英. 基于人工鱼群和分形维数融合 SVM 的空气质量预测方法 [J]. 模式识别与人工智能, 2016, 29 (12): 1122 – 1131.

[149] 陶维亮, 刘艳, 王先培, 等. 时频域分形维数分析的光谱信号重叠峰解析算法 [J]. 光谱学与光谱分析, 2017, 37 (12): 3664 – 3669.

[150] 韩杰, 陆桂华, 戴科伟. 分形维数在洪水分期的应用 [J]. 长江流域资源与环境, 2008, 17 (4): 656 – 660.

[151] 韩敏. 混沌时间序列预测理论与方法 [M]. 北京: 中国水利水电出版社, 2007.

［152］柳景青，张土乔. 时用水量预测残差中的混沌及其预测研究［J］. 浙江大学学报（工学版），2004，38（9）：1150 – 1155，1216.

［153］赵鹏，张宏伟. 城市用水量的混沌特性与预测［J］. 中国给水排水，2008，24（5）：90 – 93，97.

［154］Takens F. Determining strange attractors in turbulence［J］. Lecture notes in Mathematics，1981，898：361 – 381.

［155］Packark N. H.，Crutchfield J. P. Geometry from a time series［J］. Physics Review Letter，1980，45（9）：712 – 716.

［156］胡增运，袁山林，吉力力·阿不都外力，等. 开都河日径流时间序列混沌分析与模拟［J］. 资源科学，2012，34（4）：644 – 651.

［157］Frazer A. M.，Swirmey H. L. Independent coordinates for strange attracts from mutual information［J］. Physics Review，1986，A33（2）：1134 – 1140.

［158］Holzfuss J.，Mayer – Kres G. An approach to error estimation in application of dimension algorithms［C］. Dimensions and Entropies in Chaotic Systems，Springer. New York，1986：114 – 122.

［159］丁晶，王文圣，赵永龙. 长江日流量混沌变化特性研究 I 相空间嵌入滞时的确定［J］. 水科学进展，2003，14（4）：407 – 411.

［160］Abarbanel Henry D. I.，Masuda N.，Rabinovich M. I.，et al. Distribution of mutual information［J］. Physics Letter A，2001，281：368 – 373.

［161］姜翔程. 水文时间序列的混沌特性及预测方法研究［D］. 南京：东南大学，2009.

［162］赵永龙，丁晶，邓育仁. 混沌分析在水文预测中的应用和展望［J］. 水科学进展，1998，9（2）：181 – 186.

［163］Grassbarger P.，Procaccia I. Measuring the strangeness of strange attractors［J］. Physica D，1983，9：189 – 208.

［164］Kennel M. B.，Brown R.，Abarbanel H. D. Determining embedding dimension for phase-space reconstruction using a geometrical construction［J］. Physical review A，1992，45：3403 – 3411.

［165］Abarbanel H. D. Analysis of observed chaotic data［M］. Springer，1996.

［166］Oshima N.，Kosuda T. Distribution reservoir control with demand prediction using deterministic-chaos method［J］. Water Science and Technology，37（12）：389 – 395.

［167］吕金虎，陆君安，陈士华. 混沌时间序列分析及其应用［M］. 武汉：武汉大学出版社，2002.

［168］Anastasios A. T. Chaos：From Theory to Applications［M］. New York：Plenum Press，1992.

［169］Wolf A.，Swift J. B.，Swinney H. L.，et al. Determining Lyapunov exponents from time series［J］. Physics D，1985，16（2）：285 – 371.

［170］Sano M.，Sawada Y. Measurement of Lyapunov spectrum from a chaotic time series［J］. Physical Review Letters，1985，55（10）：1082 – 1085.

［171］Barana G.，Tsoda I. A new method for computing Lyapunov exponents［J］. Physics Letter A，1993，175：421 – 427.

［172］Rosenstein M. T.，Collins J. J.，Deluca C. J. A practical method for calculating largest Lyapunov exponents from small datasets［J］. Physics D，1993，65：117 – 134.

［173］Sato S. , Sano M. , Sawada Y. Practical methods of measuring the generalized dimension and the largest Lyapunov exponent in high dimensional chaotic systems ［J］. Progress of Theoretical Physics, 1987, 77 (1): 1 - 5.

［174］高铁梅. 计量经济分析方法与建模 ［M］. 北京: 清华大学出版社, 2006.

［175］Kwiatkowski D. , Phillips P. C. B. , Schmidt P. , et al. Testing the null hypothesis of stationary against the alternative of a unit root: How sure are we that economic time series have a unit root ［J］. Journal of Econometrics, 1992, 54 (1): 159 - 178.

［176］Akaike H. A new look at the statistical model identification ［J］. IEEE Transactions on Automatic Control, 1974, 19 (6): 716 - 723.

［177］Rumelhart D. , Hinton G. , Williams R. Learning representations by back-propagating errors ［J］. Nature, 1986, 323: 533 - 536.

［178］侯媛彬, 杜京义, 汪梅. 神经网络 ［M］. 西安: 西安电子科技大学出版社, 2007.

［179］沈花玉, 王兆霞, 高成耀, 等. BP 神经网络隐含层单元数的确定 ［J］. 天津理工大学学报, 2008, 24 (5): 13 - 15.

［180］Jang J. S. R. Anfis: adaptive-network-based fuzzy inference system ［J］. IEEE Transactions on Systems, Man and Cybernetics, 1993, 23 (3): 665 - 685.

［181］Takagi T. , Sugeno M. Fuzzy identification of systems and its applications to modeling and control ［J］. IEEE Transactions on Systems, Man and Cybernetics, 1985: 116 - 132.

［182］Jang J. S. R. , Sun C. T. , Mizutani E. Neuro-fuzzy and soft computing-a computational approach to learning and machine intelligence ［J］.

IEEE Transactions on Automatic Control, 1997, 42, 1482 - 1484.

[183] Sadri S., Burn D. H. Nonparametric methods for drought severity estimation at ungauged sites [J]. Water Resources Research, 2012, 48 (12), W12505.

[184] Rubio G., Pomares H., Rojas I., et al. A heuristic method for parameter selection in LS - SVM: application to time series prediction [J]. International Journal of Forecasting, 2011, 27 (3): 725 - 739.

[185] 徐咏梅, 柳桂国, 柳贺. 高斯径向基核函数参数的 GA 优化方法 [J]. 电力自动化设备, 2008, 28 (6): 52 - 54.

[186] Wang S., Yu L., Tang L., et al. A novel seasonal decomposition based least squares support vector regression ensemble learning approach for hydropower consumption forecasting in China [J]. Energy, 36: 6542 - 6554.

[187] Yu H. Y., Bang S. Y. An improved time series prediction by applying the layer-by-layer learning method to FIR neural networks [J]. Neural Networks, 1997, 10 (9): 1717 - 1729.

[188] Teppola P., Minkkinen P. Wavelet - PLS regression models for both exploratory data analysis and process monitoring [J]. Journal of Chemometrics, 2000, 14: 383 - 399.

[189] Antoniadis A., Sapatinas T. Wavelet methods for continuous-time prediction using Hilbert-valued autoregressive processes [J]. Journal of Multivariate Analysis, 2003, 87: 133 - 158.

[190] Chen Y., Yang B., Dong J. Time-series prediction using a local linear wavelet neural network [J]. Neurocomputing, 2006, 69: 449 - 465.

[191] 桑慧茹, 王丽学, 陈韶明, 等. 基于主成分分析的 RBF 神经网络在需水预测中的应用 [J]. 水电能源科学, 2017 (7): 58 - 61.

［192］向平，张蒙，张智，等．基于 BP 神经网络的城市时用水量分时段预测模型［J］．中南大学学报（自然科学版），2012，43（8）：437－441.

［193］白云，谢晶晶，王晓雪，等．基于多尺度相关向量机的城市日用水量预测［J］．水资源与水工程学报，2016，27（3）：39－42.

［194］刘少明，申重阳，孙少安，等．小波多尺度分解特诊分析［J］．大地测量与地球动力学，2004，24（2）：34－41.

［195］侯遵泽，杨文采．小波多尺度分析应用［M］．北京：科学出版社，2012.

［196］Mallat S. A theory for multiresolution signal decomposition：The wavelet representation［J］. IEEE Transactions on Pattern Analysis and Machine Intelligence，1989，11（7）：674－693.

［197］Shenshe M. J. The discrete wavelet transform：Wedding the a trous and mallar algorithms［J］. IEEE Transaction on Signal Processing，1992，40（10）：2464－2482.

［198］刘庆云，李志舜，刘朝晖．时频分析技术及研究现状［J］．计算机工程，2004，30（1）：171－173.

［199］王佳宁．常用时频变换方法的浅析与比较［J］．科技创新导报，2011，27：112.

［200］宗常进，毕军涛，董军宇．基于离散小波变换的信号分解算法研究［J］．计算机工程与应用，2009，45（8）：165－167.

［201］Li C.，Liang M. Separation of vibration-induced signal of oil debris sensor for vibration monitoring［J］. Smart Materials and Structures，2011，20（4）：045016.

［202］崔锦泰．小波分析导论［M］．西安：西安交通大学出版社，1995.

［203］Brito N. S. P. , Souza B. A. , Pires F. A. C. Daubechies wavelets in quality of electrical Power ［C］. The International Conference on Harmonics and Quality of Power, Piscataway: IEEE, 1998: 511 –515.

［204］樊计昌, 刘明军, 海燕, 等. 计算尺度函数和小波函数中心频率的 GUI 及其应用 ［J］. 科学导报, 2007, 25（24）: 36 –39.

［205］吕谋, 赵洪宾. 城市日用水量预测的组合动态建模方法 ［J］. 给水排水, 1997, 11: 25 –27.

［206］吕谋, 赵洪宾. 时用水量预测的实用组合动态建模方法 ［J］. 中国给水排水, 1998, 1: 9 –11.

［207］程欢, 姚建, 明星, 等. 等维动态递补灰色模型改进及应用研究 ［J］. 灌溉排水学报, 2016, 35（5）: 108 –112.

［208］Bakkera M. , Vreeburg J. H. G, Schagenb K. M. , et al. A fully adaptive forecasting model for short-term drinking water demand ［J］. Environmental Modelling and Software, 2013, 48: 141 –151.

［209］Fontdecaba S. , Grima P. , Marco L. , et al. A methodology to model water demand based on the identification of homogenous client segments. Application to the city of Barcelona ［J］. Water Resources Management, 2012, 26（2）: 499 –516.

［210］Qi C. , Chang N. B. System dynamics modeling for municipal water demand estimation in an urban region under uncertain economic impacts ［J］. Journal of Environmental Management, 2011, 92（6）: 1628 –1641.

［211］Bai Y. , Wang P. , Li C. , et al. Dynamic forecast of daily urban water consumption using a variable-structure support vector regression model ［J］. Journal of Water Resources Planning and Management, 2015, 141（3）: 04014058.

［212］吴芳, 张新锋, 崔雪锋. 中国水资源利用特征及未来趋势

分析 ［J］. 长江科学院院报，2017，34（1）：30 – 39.

［213］Pacchin E. , Alvisi S. , Franchini M. A short-term water demand forecasting model using a moving window on previously observed data ［J］. Water, 2017, 9（3）：172.

［214］陈磊. 基于贝叶斯理论的日用水量概率预测 ［J］. 系统工程理论与实践，2017，37（3）：761 – 767.

［215］Ghiassi M. , Faʾal F. , Abrishamchi A. Large metropolitan water demand forecasting using DAN2, FTDNN, and KNN models: A case study of the city of Tehran, Iran ［J］. Urban Water Journal, 2016, 14（6）：655 – 659.

［216］杨永锋，任兴民，秦卫阳，等. 基于 EMD 方法的混沌时间序列预测 ［J］. 物理学报，2008，57（10）：6139 – 6144.

［217］岳毅宏，韩文秀. 混沌系统可预测尺度研究 ［J］. 系统工程理论与实践，2003，6：91 – 95.

［218］Re L. D. , Allgöwer F. , Glielmo L. , et al. Automotive model predictive control: Models, methods and applications ［M］. Springer, 2010.

［219］Evensen G. Data assimilation: The ensemble kalman filter（second edition）［M］. Springer, 2009.

［220］Lahoz W. , Khattatov B. , Menard R. Data assimilation and information ［M］. Springer, 2010.

［221］Hutton C. J. , Kapelan Z. , Vamvakeridou – Lyroudia L. , et al. Dealing with uncertainty in water distribution system models: a framework for real-time modeling and data assimilation ［J］. Journal of Water Resources Planning and Management, 140（2）：169 – 183.

［222］Li G. , Reynolds, A. C. Iterative ensemble Kalman filters for data assimilation ［J］. SPE Journal, 2009, 14（3）：496 – 505.

[223] Kalman R. E. A new approach to linear filtering and prediction problems [J]. Journal of Basic Engineering, 1960, 82 (Series D): 35 – 45.

[224] Anderson B. , Moore, J. Optimal filtering [M]. Prentice Hall, 1979.

[225] 宋仙磊, 刘业政, 陈思凤. 基于周期项方法选择的季节性时序预测 [J]. 计算机工程, 2011, 37 (21): 131 – 132, 135.

[226] Peter J. Brockwell, Richard A. Davis. Time Series: Theory and methods (second edition) [M]. Springer 1991.

[227] Huang N. E. , Shen Z. , Long S. R. , et al. The empirical mode decomposition method and the Hilbert spectrum for non-stationary time series analysis [J]. Proceedings of the Royal Society of London Series A, 1998, 454: 903 – 995.

[228] Huang N. E. , Shen Z. , Long. S. R. A new view of nonlinear water waves: The Hilberts Spectrum [J]. Annual Reviews Fluid Mechanics, 1999, 31: 417 – 457.

[229] Huang N. E. , Attoh – Okine N. O. The Hilbert – Huang Transform in Engineering [J]. Taylor and Francis, 2005: 1 – 24.

[230] Bai Y. , Chen Z. , Xie J. , et al. Daily reservoir inflow forecasting using multiscale deep feature learning with hybrid models [J]. Journal of Hydrology, 2016, 532: 193 – 206.

[231] Wu Z. H. , Huang N. E. Ensemble empirical mode decomposition: A noise-assisted data analysis method [J]. Advances in Adaptive Data Analysis, 2009, 1: 1 – 41.

[232] Flandrin P. , Rilling G. , Gonc-alves P. Empirical mode decomposition as a filter bank [J]. IEEE Signal Processing Letter, 2004, 11 (2): 112 – 114.

［233］Wu Z. H. , Huang N. E. A study of the characteristics of white noise using the empirical mode decomposition method［J］. Proceedings of the Royal Society, 2004, 2046（460）: 1597 – 1611.

［234］Lei Y. G. , He Z. J. , Zi Y. Y. Application of the EEMD method to rotor fault diagnosis of rotating machinery［J］. Mechanical Systems and Signal Processing, 2009, 23（4）: 1327 – 1338.

［235］杨毅明. 数字信号处理［M］. 北京: 机械工业出版社, 2012.

［236］Li C. , Liang M. A generalized synchrosqueezing transform for enhancing signal time-frequency representation［J］. Signal Processing, 2012, 92（9）: 2264 – 2274.

［237］Bai Y. , Wang P. , Xie J. J. , et al. An additive model for monthly reservoir inflow forecasting［J］. Journal of Hydrologic Engineering, 2015, 20（7）: 04014079.